存在心理学

〔美〕亚伯拉罕·马斯洛◎著

冯艺腾◎译

江苏人民出版社

图书在版编目（ＣＩＰ）数据

存在心理学 /（美）亚伯拉罕·马斯洛著；冯艺腾译. —南京：江苏人民出版社，2022.1

ISBN 978-7-214-26051-2

Ⅰ.①存… Ⅱ.①亚… ②冯… Ⅲ.①存在主义—心理学学派 Ⅳ.①B84-066

中国版本图书馆CIP数据核字（2021）第201503号

书　　　名	存在心理学
著　　　者	［美］亚伯拉罕·马斯洛
译　　　者	冯艺腾
责 任 编 辑	石　路
装 帧 设 计	末末美书
版 式 设 计	书情文化
出 版 发 行	江苏人民出版社
出版社地址	南京市湖南路1号A楼，邮编：210009
出版社网址	http://www.jspph.com
印　　　刷	天津旭非印刷有限公司
开　　　本	880毫米×1230毫米　1/32
印　　　张	7.5
字　　　数	153千字
版　　　次	2022年1月第1版　2022年1月第1次印刷
标 准 书 号	ISBN 978-7-214-26051-2
定　　　价	55.00元

目录

自本书第一版发行以来，心理学的世界已经发生了很多变化。人本主义心理学——这是它最常见的称呼——现在已经相当稳固地确立为客观主义、行为主义（机械形态）心理学和传统的弗洛伊德主义的第三种可行的选择。它的文献量很大，而且正在迅速增长。此外，它开始被应用，特别是在教育、工业、宗教、组织和管理、医疗和自我完善等方面，以及被其他各种"优良心态"组织、期刊和个人引用。(见《优良心态系统》，第237–240页)

我必须承认，我不得不把心理学中的这种人文主义思潮看作是一场革命，最真实、最古老的意义上的革命，也就是伽利略、达尔文、爱因斯坦、弗洛伊德和马克思所进行的革命，即新的认识和思考方式，新的人和社会形象，新的伦理和价值观念，新的前进方向。

这个第三种心理学现在是一种普遍的世界观、一种新的生活哲学、一种新的人的概念、一个新的工作世纪的开始（当然，如果我们能同时设法阻止一场大屠杀的话）。对于任何一个有健康意志的人，任何一个热爱生活的人来说，这里都有有效的、公正的、令人满意的工作要去做，这些工作可以给自己和他人的生活带来丰富的意义。

这种心理学不是纯粹的描述性或学术性的；它建议采取行动，并意味着能达到某些后果。它有助于产生一种生活方式，不仅是为人本身内心的精神生活方式，而且也是为作为社会存在、社会成员的生活方式。事实上，它帮助我们认识到生活的这两个方面到底是如何相互关联的。归根结底，最好的"帮手"就是"健康的人"，病态或机能不足的人虽然试图帮助，反而会造成伤害。

我还应该说，我认为人本主义、第三种心理学是过渡性的，是为"更高的"第四心理学做准备的，它将超个人、超人类，以宇宙为中心，而不是以人的需求和利益为中心，超越人类性、同一性、自我实现等问题。

很快（1968年）就会有一本《超个人心理学杂志》，由创办《人本主义心理学杂志》的托尼·苏蒂奇组织出版。这些新的发展很可能为许多默默无闻的绝望者，特别是年轻人的"受挫的理想主义"提供一种切实的、可用的、有效的满足。这些心理学给人以希望，发展成这些人一直缺失的世界观、宗教代用品、价值体系、生活计划。没有超验和超个人的东西，我们就会变得病态、暴力和虚无主义，或是变得沮丧和冷漠。我们需要一些"比我们自身更大的东西"，以一种新的、自然主义的、经验主义的、非宗教意义上的东西来使我们感到惊奇，并使我们自己献身其中，也许就像梭罗和惠特曼、威廉·詹姆斯和约翰·杜威所说的那样。

我认为，在我们能够拥有一个美好的世界之前，需要做的另一项任务是发展一种关于邪恶的人本主义和超越个人的心理学，它应该出于对人性的同情和爱，而不是出于对人性的厌恶或无望。在新版中，我所做的修订主要是在这方面。只要我能做到的，在不进行代价高昂的重写的情况下，我都澄清了我关于恶的心理学——"恶来自于上层"而不是来自下层。仔细阅读就会发现这种修订，尽管这种修订是极度浓缩的。

　　这种对恶的讨论在本书的读者听起来可能是一种悖论，或者说是与本书主要论题相矛盾，但事实并非如此——绝对不是矛盾的。世界上必然有健全强大的成功人士——圣人、贤人、好领导、负责任的人、超凡的政治家、活动家、坚强的人、胜利者而非失败者、建设者而非破坏者、成熟者而非幼稚者。每个人都可以和我一样去研究、学习他们的行为。但是，尽管这样的人的数量本应该更多，事实上他们的数量还是太少了，而且他们常常受到恶劣的对待。所以，我们也应该研究这种对人类善良和伟大的恐惧，这种对如何走向健康和强大的无知的恐惧，这种不能把自己的愤怒转化为生产活动的恐惧，这种对成熟和成熟后的神圣的恐惧，这种对德行、自爱、值得被爱、尊重的情感的恐惧。尤其是我们必须学会如何超越我们的愚蠢倾向，不要让我们对弱者的同情被扭曲为对强者的仇恨。

　　我最迫切地将这种研究工作推荐给年轻的、有雄心壮志的心理学家、社会学家和广大社会科学家。而对于其他想帮助建立一个更美好的世界的善意的人，我强烈建议他们把科学——人本主

义科学——作为一种建设美好世界的方式，一种非常好的、必要
的方式，甚至可能是最好的方式。

我们今天根本没有足够可靠的知识来着手建设一个美好的世
界。我们甚至没有足够的知识来教导个体如何彼此相爱——至少
没有任何把握来实现这一点。我深信，最好的答案在于知识的进
步。我的《科学心理学》和波兰尼的《个人知识》都清楚地表明，
科学的生活也可以是充满激情、充满美感、充满人类希望、充满
价值启示的生活。

鸣谢

我要感谢福特基金会促进教育基金向我提供的研究金。他们
不仅支付了一年的自由研究费用，而且还支付了两位忠心耿耿的
秘书——希尔达·史密斯夫人和诺娜·惠勒夫人的薪水，在此我
要向她们表示感谢。

出于种种理由，原本我把这本书献给库尔特·戈德斯坦。现
在我还想表达我对弗洛伊德和他所提出的所有理论及其所产生的
对立理论的感激之情。如果要我用一句话来表达人本主义心理学
对我的意义，我会说，它是戈德斯坦（和格式塔心理学）与弗洛
伊德（以及各种心理动力学）的结合，这个结合连同科学精神，
由我在威斯康星大学的导师教给了我。

A.H. 马斯洛

对于本书的书名，我思忖良久。"心理健康"这个概念，虽然仍然是必要的，但对于科学的目的而言，它仍然存在各种内在的缺点，这些缺点在本书的相关章节中都有所讨论。萨茨和存在主义心理学家们最近所强调的"心理疾病"也是如此。我们仍然可以使用这些规范术语，事实上，出于启发的目的，我们现在必须使用它们；但我相信，它们将在十年内被淘汰。

"自我实现"（Self-actualization）是我用到的一个更好的术语。它强调"完满的人性"，强调基于生物学意义上人的本性的发展，因此这（从经验上看）是对整个人类物种的规范，而不受特定的时间和地点制约，也就是说，它没有那么多文化上的相关性。它遵循生物学意义上的命运，而不像"健康"和"疾病"这两个术语那样遵循历史专断和文化地域的价值模式。同时，它还具有经验内容和操作意义。

然而，除了从文学角度来看显得笨拙之外，"自我实现"这个词还被证明有着不可预见的缺点：a）它暗指利己主义而不是利他主义；b）它有意忽视对人生的责任和贡献；c）它忽视了与他人和社会的联系，忽视了个人实现对"良好社会"的依赖；d）它忽视了非人类现实的需要特征，以及其内在的魅力和趣味；e）忽视无私和自我超越；f）它委婉地强调主动性，而非被动性或接受性。尽管我仔细地描述了自我实现的人是利他的、奉献的、自我超越的、社会性的人等经验事实，但人们还是会认为"自我实现"具有上述缺点。（《动机与人格》，第 14 章）

"自我"（self）这个词似乎是将他人排除在外的，而且在强大的语言习惯面前，我的再定义和经验性描述经常显得无能为力，"自我"与"自私"、"纯粹自主"还是经常被等同起来。我还沮丧地发现，一些聪明能干的心理学家坚持把我对自我实现的人的特征的经验描述当作是我随意创造的，而不是研究发现的。

在我看来，"完满人性"（Full-humanness）能避免上述部分的误解。同时，"人的衰弱或是发育不良"（human diminution or stunting）这样的说法也比"疾病"更加合适，甚至可以用来描述神经官能症、心理疾病和心理变态。即便这些术语在心理治疗实践中并不适用，至少它们对于一般心理学和社会理论还是比较有用的。

我在本书中一直用"存在"（Being）和"形成"（Becoming）两个术语，其实是更好的描述，但是它们尚未被广泛使用。一个令人遗憾的地方是，正如我们所见，存在心理学与形成心理学、匮乏心理学有着很大差距。我相信，心理学家必须在调和存在心理学和缺陷心理学的方向上做更多的工作，也就是说需要将完美与不完美、理想与现实、美好与现实、永恒与暂时、目的心理学与手段心理学相调和。

本书是我 1954 年出版的《动机与人格》的延续。本书中内容的组织结构与其大致相同，即每章只着眼大的理论结构中的小部分。本书也是一项尚未完成的工作的先驱，这项工作的目标是构建一套综合、系统、基于经验、涉及人性深度和高度的总括心理学和哲学体系。在某种程度上，最后一章是这项未来工作的一个计划，也起到了桥梁作用。这是首次尝试着将"健康和成长心理学"与精神病理学和心理分析动力学、动力与整体论相结合，将成为与存在、善与恶、积极与消极相结合。换句话说，这是在一般精神分析基础和实验心理学的科学实证基础上建设优良心态的、存在心理学的和超越性动机的上层结构的一种努力，本书中的理论超越了原有体系的局限。

我发现，要想将我对这两种心理学那种既尊重又不满意的复杂态度表达给他人是非常困难的。很多人要么亲弗洛伊德，要么反弗洛伊德，要么亲科学心理学，要么反科学心理学，等等。在我看来，所有这些只坚持某种立场的行为都是愚蠢的。我们的工作是把这些不同的真理整合成一个完整的真理，这应该是我们唯一的坚持。

对我来说很清楚的一点就是我们要确定（广义上的）科学方法是唯一让我们能确定拥有真理的方法。但在这里我们很容易产生误解，并陷入亲科学或反科学的非黑即白。这个问题我之前就写到过（《动机与人格》，第 1、2、3 章）。这些是对 19 世纪传统的科学主义的批评。我打算继续这个事业，采用更多科学的方法并扩大科学的权限，以便使它更有能力承担新的、个人的、基于经验的心理学任务。

科学，特别是传统观念所认为的那种科学，是远远不足以完成这些任务的。但我确信，科学不必被这些传统的方式所局限。它不需要放弃爱、创造力、价值、美、想象、道德和欢乐等问题，而把这些都留给"非科学家"、诗人、先知、牧师、戏剧家、艺术家或外交家。所有这些人也许都有很好的洞察力，能够提出需要探究的问题，提出具有挑战性的假设，甚至可能在很多时候能发现正确的真理。但是，无论他们有多么确信，他们还是永远无法使全人类确信。他们只能去说服那些本来就认同他们的人或者是少数其他人。科学是我们把真理塞进不情愿的喉咙的唯一方法。只有科学才能克服那些因为性格所造成的眼界和信仰的不同。也只有科学才能进步。

然而，事实是，科学已经走进了一条死胡同，并且（某些形式的）科学可被视为一种对人类的威胁和危险，至少对人类最高尚的品质和抱负是这样。许多敏感的人，尤其是艺术家，害怕被科学践踏和压抑，害怕科学撕裂而不是融合事物，害怕科学会扼杀而不是创造事物。

我觉得这些担忧都是不必要的。科学要想帮助人类实现积极的成就，它所需要的只是扩大和深化其性质、目标和方法的概念。

我希望读者不会觉得这一信条与这本书的文学和哲学基调不一致。至少我不这么认为。就目前而言，一般理论的概括需要这样的处理。还有一部分原因是这本书的大部分章节最初都是为了演讲准备的稿件。

这本书和我的前一本一样，充满了基于初步研究、少量证据、个人观察、理论推论和纯粹直觉的论断。这些论断都采用了概括化的表述，以便作出真伪的证明。也就是说，它们是为测试而提出的假设，而不是为最终信念而提出的假设。它们显然也是有意义且中肯的，也就是说，论断正确与否对心理学其他分支而言是重要的。因此，这些论断应该能引起科学研究，我也期望如此。出于这些原因，我认为这本书属于科学或前科学的范畴，而不是说教、个人哲学或文学表达。

谈谈当代心理学思潮也许可以帮助本书找准定位。迄今为止（1960年），有两种有关人性的综合理论对心理学影响最大，即弗洛伊德理论和实验—实证—行为主义理论。所有其他的理论都不那么全面，而且他们的追随者组成了许多分裂的团体。然而在过去的几年里，这些不同的团体迅速地结合成第三种有关人性的理论，我们可以将其称为"第三势力"。

这一团体包括信奉阿德勒、兰克和荣格的人，也包括所有新弗洛伊德主义者（或新阿德勒主义者）和后弗洛伊德主义者（心理分析自我心理学家和作家，例如马尔库塞、惠利斯、马默、萨茨、布朗、林德、沙赫特尔，他们是犹太法典的精神分析学家）。另外，库尔特·戈德斯坦和他的机体论心理学也在逐步扩大其影响；格式塔疗法，格式塔和勒温派心理学家，普通语义学家，还有像奥尔波特、墨菲、莫雷诺和默里一样的人格心理学家等人的

影响力也在逐步提升。存在心理学和存在主义精神病学已产生了
一种新的、强大的影响。还有许多其他的主要贡献者可以被归
类为自我心理学家、现象学心理学家、成长心理学家、罗杰斯
派心理学家和人本主义心理学家等等，不胜枚举。还有一个更
为简单的分组方法，那就是根据五种期刊进行划分，看发表在
某种期刊上的此类文章是哪一组。这五种期刊都相对较新，它
们是：《个体心理学杂志》（Journal of Individual Psychology,
University of Vermont, Burlington, VT.）、《美国心理分析杂志》
（American Journal of Psychoanalysis, 220 W.98th St., New
York 25, N.Y.）、《存在主义精神病学杂志》（Journal of Existential
Psychiatry, 679 N.Michigan Ave., Chicago 11, Ill.）、《存在主义
心理学和精神病学评论》（Review of Existential Psychology and
Psychiatry, Duquesne University, Pittsburgh, Pa.）以及最新
的《人本主义心理学杂志》（Journal of Humanistic Psychology,
2637 Marshall Drive, Palo Alto, Calif.）；除此之外，《超自然》杂
志（Manas, P.O.Box 32, 112, El Sereno Station, Los Angeles
32, Calif.）还将这种观点应用到聪明的外行人的人生和社会哲学
中。本书后面的参考书目虽然不完整，但却是这类作品的一个很
好的样本。这本书属于这一思潮。

致 谢

此处，我将不再重复《动机与人格》一书前言中的感谢，只想做如下补充。

我深感幸运能够与尤金尼亚·汉夫曼、理查德·赫尔德、理查德·琼斯、詹姆斯·克利、里卡多·莫兰特、乌尔里克·奈瑟、哈利·兰德、沃尔特·托曼等同事们同在一个系。他们在本书各章节对我进行了帮助并给予我有效的反馈以及中肯的意见。在这里，我想表达对他们的感激和敬意，并感谢他们的帮助。

我很荣幸在过去的十年以来能与布兰迪斯大学历史系的弗兰克·曼纽尔博士进行持续的讨论，他是我的一位学识渊博、才华横溢而又善于提出疑问的同事。我不仅享受这种友谊，而且也从他那里受益良多。

同样，我与另一位朋友、同事哈利·兰德博士也是如此。哈利·兰德博士是一名执业心理分析师。十年来，我们一直共同探索弗洛伊德理论的更深层次含义，我们合作成果之一已经出版。曼纽尔博士和兰德博士都不赞成我的一般理论，沃尔特·托曼也是如此。沃尔特·托曼也是一位精神分析学家，我两为此进行过无数次的讨论和争辩。也许正是出于这个原因，在他们的帮助下，我自己的结论更加明确。

我和里卡多·莫兰特博士在许多研讨会、实验和各种著作中合作，这有助于我更接近实验心理学的主流。本书第三章和第六章，要特别感谢詹姆斯·克利提供的帮助。

在我们心理学系的研究生座谈会上，我与同事们，以及研究生进行了尖锐而友好的辩论，这些辩论一直都很有启发性。同样，我也从与布兰迪斯大学许多教职员工的日常正式和非正式接触中学到了很多东西，他们是一群博学、睿智、好辩的知识分子，在任何地方都是如此。

在麻省理工学院就价值问题举办的专题研讨会上，我也从同行们身上获益良多，尤其是弗兰克·鲍迪奇、罗伯特·哈特曼、支尔杰·凯普斯、桃乐西·李，沃尔特·韦斯科普夫、艾德里·安范卡姆、罗洛·梅和詹姆斯·克利等人向我介绍了存在主义的文献。弗朗西斯·威尔逊·施瓦兹带我首次学习了创造性艺术教育，并让我认识到创造性艺术教育对成长心理学的许多意义。奥尔德斯·赫胥黎是最早说服我要认真对待宗教和神秘主义心理学的人之一。菲利克斯·多伊彻帮助我通过亲身体验从内心了解了心理分析。库尔特·戈德斯坦教会了我太多知识，因此我将此书献给他。

这本书的大部分内容是在我的休假年写的，这要归功于我所在大学开明的行政政策。我也想感谢艾拉·莱曼·卡伯特信托基金的资助，帮助我在这一年的写作中摆脱了金钱的困扰。在普通的学年里，要做持续的理论研究是非常困难的。

这本书的大部分打字工作都是由维娜·科勒特小姐完成的。我要感谢她的乐于助人、耐心和勤奋。我还想感谢格温·惠特利、洛林·考夫曼和桑迪·马泽尔所做的助理工作。

第一章由 1954 年 10 月 18 日我在纽约库伯联盟学院的演讲稿修订的。全文曾在 1956 年发表于克拉克·摩斯塔卡斯主编的《自我》（Self）上。本书使用内容经出版方同意。该文章还在 1961 年发表于由科尔曼、利布奥和马丁森主编的《学院的成就》（*Success in College*）。

第二章由我在 1959 年时在美国心理学联合会大会存在心理学研讨会上做的报告修订而来。该文首次发表在《存在主义探索》（*Existentialist Inquiries*，1960 年，第 1 期，1–5 页），并经编辑同意在此刊出。之后又在 1961 年在罗洛·梅主编的《存在主义心理学》（*Existential Psychology*）上重印，也在《宗教探索》（*Religious Inquiry*，1960 年，第 28 期，4–7 页）上重印。

第三章由 1955 年 1 月 13 日我在内布拉斯加大学动机研讨会上所做演讲的精简而来，于 1955 年发表在同年由琼斯主编的

《内布拉斯加动机研讨会》(*Nebraska Symposium on Motivation*，1955)一书中，经出版方同意在此引用。文章在《普通语义学公报》(*General Semantics Bulletin*，1956 年，第 18、19 期，32-42 页)和 1960 年《人格动力和有效行为》(*Personality Dynamics and Effective Behavior, Scott, Foresman*)两本出版物中重印。

第四章最初是 1956 年 5 月 10 日我在美林·帕默尔学校成长讨论会上的演讲稿。文章发表在《美林·帕默尔学校季刊》(*Merrill-Palmer Quarterly*，1956 年，第 3 期，36-47 页)，经编辑同意在此引用。

第五章由我在塔夫斯大学所做演讲的第二部分修订而来。1963 年该文发表于《通用心理学杂志》(*Journal of General Psychology*)，经编辑同意在此引用。演讲的前半部分总结了证明类本能需要的所有可用依据。

第六章由我在 1956 年 9 月 1 日就任美国心理学联合会人格及社会心理学分会主席时发表的就职演讲修改而来。该文发表在《遗传心理学杂志》(*Journal of Genetic Psychology*，1959 年，第 94 期，43-66 页)，经编辑同意在此引用。该文在《国际超心理学杂志》(*International Journal of Parapsychology*，1960 年，第 2 期，23-54 页)上重印。

第七章由 1960 年 10 月 5 日我在精神分析促进协会于纽约召开的卡伦·霍妮纪念会上所做的关于同一性和异化的演讲修订而来。该文发表于 1961 年《美国心理分析杂志》(*American Journal of Psychoanalysis*，第 21 期，254 页)，经编辑同意在此引用。

第八章首次发表在 1959 年《个体心理学杂志》(*Journal of Individual Psychology*) 以纪念库尔特·戈德斯坦为专题的一期杂志 (第 15 期，24–32 页) 上，经编辑同意在此引用。

第九章首次发表于 1960 年卡普兰和韦普纳主编的海因茨·沃纳纪念文集《心理学理论展望》(*Perspectives in Psychological Theory*) 上的论文，本章根据该文修订而来，经编辑和出版商同意在此引用。

第十章由 1959 年 2 月 28 日我在密歇根州立大学的演讲稿修订而来，是《创造性》系列文章中的一篇。此系列发表于安德森主编的《创造力及其培养》(*Creativity and Its Cultivation*)。文章经编辑和出版方同意在此引用。文章还登于《机电设计》(Electro– Mechanical Design，1959，一月和八月号) 以及《普通语义学公报》(*General Semantics Bulletin*，1959–1960，第 23、24 期，45–50 页)。

第十一章由我在 1957 年 10 月 4 日在麻省理工学院召开的

"人类价值新认知"研讨会上所做演讲修订并扩展而来。该文发表于 1958 年由我主编的《人的价值新知识》（*New Knowledge in Human Values*）上，经出版方同意在此引用。

第十二章由我在 1960 年 12 月 10 日在纽约心理分析学会价值专题研讨会上所做演讲修订并扩展而来。

第十三章是我在 1960 年 4 月 15 日在东部心理学协会举办的积极心理健康意义研讨会上的演讲稿，曾在 1961 年发表于《人本主义心理学杂志》（*Journal of Humanistic Psychology*，1961 年，第 1 期，1–7 页），经编辑同意在此引用。

第十四章由我在 1958 年所写的《认知、表现、形成：教育学的新焦点》（*Perceiving, Behaving, Becoming: A New Focus for Education*）这一论文修订并扩展而来。该论文收录在由库姆斯主编的 1962 年全国教育协会管理和课程发展协会年鉴（Yearbook of the Association for Supervision and Curriculum Development）中。在某种程度上，上述论点是对本书和我前一本书《动机与人格》的总结。在一定程度上，这也是对未来发展的推断。

第一编

更广阔的心理学范畴

Toward a Psychology of Being

第一章 绪论：探索健康心理学

现在，一种关于人类疾病和健康的新兴心理学概念正逐渐进入人们视野。在我看来，它是那么地令人激动又充满了奇妙的可能性。我难抵其诱惑想要将它公开分享出来，虽然它甚至未经过核实确认也尚无法定义为可信的科学知识。

这一观点的基本假设如下：

1. 我们每个人存在一种内在本性，其实质基础是我们的生物本质。一定程度上，这内在本性是"自然的"、固有的、既定的，并且在某种有限的意义上而言，它是无可改变的，至少没有在自发改变。

2. 每个人的内在本性中，部分是其独有的，部分是作为人类这一物种都具有的。

3. 想要科学地研究这种内在本性，并发现它到底是什么。（注意是发现而非发明）

4. 根据我们目前的了解，这种内在本性似乎并非固有的邪恶本性，而是或中立或积极的"善"。我们所谓的邪恶行为，似乎是人的固有本性在受挫时产生的继发反应。

5. 正因为这种内在本性是善或中性的，而非坏的，所以最好是将它释放出来，鼓励它，而非压抑它。如果能让它来引导我们的生活，那么我们的成长也会充满健康、收获和快乐。

6. 如果一个人的这种基本核心被否定或压抑，他就会生病。这种病有时显而易见，有时却难以察觉；有时突然爆发，有时却会徐徐而至。

7. 不像动物的本能那般强烈、压倒一切、不容置疑，人的内在本性则是柔弱、细腻、微妙的，并且容易被习惯、文化压力和对其错误的态度抑制。

8. 这种内部本性纵然微弱，在正常人那里它却极难泯灭——甚至对于病人也是如此。纵使被否定，也会一直蛰伏，迫切地要求实现。

9. 不知为何，这些结论都必须与惩罚、剥夺、挫败、痛苦结合才得以成立。从某种意义上来说，只要这些体验可以揭示、培养并完善我们的内在本性，便值得经历这类体验。

注意，若上述假设证实为真，它们则有望成为一种科学伦理，一套自然的价值体系，一个最终裁决善恶对错的法庭。我们越了解人类的自然倾向，就越容易告诉他如何行善，如何快乐，如何高效，如何自重，如何去爱，如何释放他的最大潜能。这就相当于自动解决了许多未来的人格问题。由此看来，该做的事就是去查明：作为人类群体的一员和单独的个体，一个人的内心深处究竟是怎样的。

通过研究这些健康的人，我们可以了解自身的错误、缺点并找到正确的成长方向。除了我们身处的时代，每个时代都有其楷模与典范。然而，这些圣人、英雄、绅士、骑士和神秘主义者在我们的文化中已经被全然摒弃。留下的只是完全顺应环境也没有缺点的人，这是多么苍白无力也充满可疑的替代品。也许我们很快就能以充分成长和自我实现的人作为我们的向导和榜样，他所有潜能都得到充分发展，他的内在本性也得以自由表现，而非被扭曲、压抑或否认。

每个人都要清晰且透彻地认识到这个严肃的问题：一切有违人类美德的行为，一切有违自身本性的罪行，一切邪恶的行为，都在我们每个人的潜意识里记了下来，无一例外。这也让我们鄙视自己。卡伦·霍妮有一个很好的词来描述这种无意识的感知和记忆，她称其为"登记"。如果我们做了让自己羞耻的事，那这件事便会"登记"为耻辱；如果是做了坦荡、良善的事，则会"登记"为荣誉。最终结果的本质是二元对立的——要么尊重并接受自己，要么鄙视自己，觉得自己卑鄙无耻、没有价值、不受待见。神学家们过去常常用"失去灵魂"一词来描述这种生命中的无为之罪，即明明能做却不去做。

这种观点并非否认弗洛伊德平常的描述，而反倒是对其做了增补。简而言之，这就像是弗洛伊德提供的是病态心理学的那一半，而现在，我们必须用健康的一半将其补足。也许这种健康心理学会给我们更多的可能性来控制和改善我们的生活，让我们成为更好的人。也许这比问"如何不生病"更有成效。

我们怎样才能促进自由发展？其所需的最好的教育环境是

什么？是性、经济、抑或是政治？我们需要什么样的世界才能
让这些人成长？这些人又会创造一个怎样的世界？病态的文化
造就了病态的人；健康的文化造就了健康的人。但同样的事实
是，病态的人会使他们的文化更加病态，而健康的人会使他们
的文化更加健康。改善个人健康是创造更美好世界的一种途径。
换而言之，鼓励个人成长是切实可行的；如果没有外界的帮助，
很难将真正的神经性疾病患者治愈。一个人想要刻意使自己变
得更加诚实是相对容易的；但若要纠正自己的强迫症和偏执却
非常困难。

　　传统上，考虑人格问题的角度是认为它们是不受欢迎的问题。
挣扎、冲突、内疚、无良、焦虑、抑郁、挫折、紧张、羞耻、自
罚、自卑或自轻自贱，这些都会诱发精神痛苦，影响工作效率，
同时无法控制。因此，这些问题被人们自动归为病态且令人生厌
的，要赶紧"治愈"，越快越好。

　　但所有这些症状在健康的人身上也能发现，或者在朝着健康
方向成长的人身上也能发现。试想一下，如果你应该感到内疚却
没有内疚；再想象一下，你已经将各种力量平衡得很好并且很适
应这种稳定状态。可能适应和稳定是好的，因为这可以减少你
的痛苦，但是它不好的一面在于让你不再追求更高发展，成为
模范。

　　埃里希·弗罗姆在一本非常重要的书中，抨击了弗洛伊德经
典的超我概念，因为这个概念完全是专制和相对的。也就是说，
在弗洛伊德的假设里，无论你的父母是谁，你的超我或良知都是

你内化接受了父母的期许、要求和理想。但如果你的父母是罪犯怎么办？那你的良知又会是怎样的呢？或者，假设你有一个讨厌娱乐又爱刻板说教的父亲呢？或者他是个精神病患者？这样的良知确实是存在的——弗洛伊德是对的。我们的精神模范很大程度上来源于这些早期形象，而不是后来从教会礼拜日学校的书本中习得。但是，良知中也有另一种成分，或者如果你愿意称之为另一种良知也可以。这种良知我们在我们每个人身上的体现有强有弱，这就是"内在良知"。内在良知的基础是我们对自己的本性，自己的命运或能力，以及生活的"召唤"的认知，这种认知是无意识或潜意识的。它强调我们要忠于自己的内在本性，不因软弱、有利或任何其他原因对其否认。那些埋没自己天资的人，身为绘画天才却去卖袜子的人，天资聪颖却过着浑浑噩噩的生活的人，发现真理却沉默不言的人，丢弃了男子气概的懦夫，所有这些人都深刻地认识到，他们做了愧对自己的错事，并且因此鄙视自己。这种自我惩罚可能会只带来神经官能症，但同样也可能会让人重拾勇气，激发义愤，更加自尊，自此之后开始做正当的事。总之，痛苦和矛盾可以给人带来成长和纠正。

从本质上说，我其实是在有意抵触现今对疾病与健康的简单粗暴区分，至少对于表面症状这种区分是随意的。患病就意味着有症状吗？我至今坚持认为，可能有些疾病就在你应该出现症状时却没有出现症状。健康就意味着没有任何症状吗？我持反对意见。奥斯威辛或达豪集中营的纳粹分子中，有哪个是健康的？他们是良心不安的人还是良心美好、清明、快乐的人？一个思想深邃的人会感觉不到矛盾、痛苦、沮丧和愤怒这类情绪吗？

简而言之，如果跟我说你有人格问题，在更好地了解你之前，我不知道该说"很好"还是"抱歉"。这要取决于造成问题的原因。这些原因有可能是坏的也有可能是好的。

举例来说，对于受到欢迎，能够适应，甚至是不良行为，心理学家的态度正在转变。受到谁的欢迎？也许对于一个年轻人，在势利眼的邻居或是当地乡村俱乐部中不受待见反倒是件好事。要适应什么？去适应不良文化？专横武断的父母？我们应当如何看待一个很好地适应周遭的奴隶或是囚犯？即便是存在行为问题的小孩，也重新被宽容以待。为什么会有不良行为？这通常是由于病态导致的。但是有时这是出于好的理由，比如这个男孩只是单纯想要与剥削、统治、忽视、蔑视和践踏抗争。

将什么情况定义成人格问题显然取决于下这个定义的人。是奴隶主？独裁者？专横的父亲？抑或是想要一直操控豢养自己妻子的丈夫？很明显，人格问题其实有时是个人在心理支柱和内在本性遭到压迫时的强烈反抗。发生这种罪行时，不去反抗才是病态的行为。很遗憾，在我的印象中，大多数人在遭受这种待遇时并不会反抗。人们默默接受这些压迫，并在多年后表现出各种精神和心理症状作为代价。其中有些人或许从未意识到他们是病态的。这使得他们错过了真正的幸福，从未真正得偿所愿，从未拥有多彩的情感生活，也无法安详而充实地度过晚年。他们从来不知道创造力，审美反应，发现生活的刺激是多么美妙。以至于，他们永远也不会了解富有创造性、对美的感知以及能够发现生活的惊险之处是多么美好的体验。

我们也必须直面合乎需要的悲伤与痛苦，或是其存在的必要性问题。在完全没有痛苦与悲伤，没有懊恼与混乱的情况下，又怎么可能成长和自我实现呢？如果这些在某种程度上是必要的和不可避免的，那么是何种程度呢？如果悲伤和痛苦有时对一个人的成长是必不可少的，那么我们必须明白这些悲痛并非都是坏的，不要想当然地保护人们不去经历。从最终好的结果来看，有时这些可能是良性且合乎需要的。不让人们经历痛苦，并保护他们，可能会变成一种过度保护，这其实在某种程度上是缺乏对个人完整性、内在本性和未来发展的尊重。

第二章　存在主义者对于心理学的可借鉴之处

如果我们从"存在主义者对于心理学的可借鉴之处"这一角度来研究存在主义，就会发现很多东西从科学的角度来看太过模糊不清、难以理解（无法证实或不可证实）。但这样也会让我们发现很多裨益。由此看来，我们发现存在主义并不似"第三势力心理学"那般能给人以很多新启示，后者已有的许多思潮让人有种紧迫、确定、强势和再发现的感受，这是存在主义无法相比较的。

对我来说，存在主义心理学本质上意味着两个重点：其一，它是对同一性概念和同一性体验的根本强调，认为这是人性和任何有关人性的哲学或科学的必要条件。我选同一性这个概念作为基本概念，一方面是因为比起本质，存在、本体论等术语我更了解它，另一部分是因为我觉得就算现在还不行，那么很快它就可以用实证经验来加以研究。

但随之而来的矛盾是，美国心理学家对同一性的探究已经给人们留下了深刻印象（包括奥尔波特、罗杰斯、戈德斯坦、弗洛姆、惠利斯、埃里克森、莫里、墨菲、霍妮、梅等人），不胜枚举。我必须说，这些作者的确更清楚、更接近原始事实；也就是说，比起海德格尔、雅斯贝尔斯这样的德国哲学家，他们更具经验。

其二，存在心理学强调的出发点在于经验知识，而非概念体系、抽象范畴或先验。存在主义基于现象学，即它使用个人的、主观的经验作为建立抽象知识的基础。

但许多心理学家也都是从相同的重点开始，更不用说各类的心理分析学家了。

1.第一个结论是，欧洲的哲学家和美国的心理学家之间的分歧并不像乍一看那么大。我们美国人"一直在讲乏味的话却不自知。"当然，存在主义在不同国家不约而同的发展本身就在一定程度上表明：各无交集却能得出相同结论的人，都正是在对自身之外的某种真实情况做出反应。

2.我相信这种真实情况正是个体外所有价值来源的彻底崩塌。许多欧洲存在主义者对尼采关于"上帝已死"的结论，以及马克思也已死亡的事实，都有很大的反应。美国人则已经认识到，政治民主和经济繁荣本身并不能解决任何基本的价值问题。除了让内心与自我成为价值观的栖息地外，别无他法。反常的是，就连一些宗教存在主义者也会赞同这个结论的一部分。

3.对于心理学家来说极为重要的一点在于存在主义可以为心理学提供其所缺乏的哲学基础。逻辑实证主义已经失败了，尤其是对于临床和人格心理学家而言。无论如何，基本的哲学问题肯定会再次被公开讨论，或许心理学家们将不再依赖于虚假的解决方案，或者依赖于他们在孩童时期学到的无意识的、未经验证的哲学思想。

4.（对我们美国人来说）欧洲存在主义核心的另一种说法是，它从根本上讨论着人类的困境。这种困境的形成源于人类的期许和人类的局限之间的差距（即人类是什么，他想成为什么，他能够成为什么，这之间的差距）。这与同一性问题的关系并不像乍一听那么遥远。一个人既是有着其自身现状，也有着潜能。

我坚信，对这种差距的认真思考，可能会彻底改变心理学。已经有各类文献支持这个结论，例如，投射测试，自我实现，各种高峰体验（在其中这一差距被弥合），荣格心理学，各种神学思想家，等等。

不仅如此，这些文献还提出了人的双重本性的问题及其整合方法，也就是人的低级本性与高级本性；生物性与神性。总的来说，东方和西方的大多数哲学和宗教都用二分法来割裂地看待人的双重本性，教导人们，要想达到"高级本性"，就要放弃和控制"低级本性"。存在主义者却教会我们，这两种本性都划定了人类本质属性的边界。任何一方都不可抛弃，二者只能整合在一起。

但是我们已经了解了一些整合方法，包括洞悉，广义上的智慧，爱，创造力，幽默和悲剧，游戏和艺术。我想，我们会比过去更注重研究这些整合方法。

在专注思考人的双重本性后，我还意识到，有些问题永远无法解决。

5. 由此我们自然而然地开始关注那种模范的、真实的、完美的或神一般的人类存在。也自然而然地将人类潜能视作目前已知的现实来研究，从某种意义上来说，这种潜能现在也确实存在。这听起来好像只是文学创作，其实不然。要提醒你们的是，这正是用一种抽象的方法再次问出那些没有答案的老问题："治疗的目标是什么？教育的目标是什么？养育孩子的目标又是什么？"

它还蕴含着另一个亟须注意的事实和问题。实际上，现在在认真描述"一个真正的人"这一概念时，都会包括这一点：一个人凭借自身成就与其所在社会及广义的人类社会之间产生了一种新的关系。他不仅在各种方面自我超越；他也超越了自己的文化。他抗拒同化并越发脱离他的文化和社会。他更多地成为人这一物种的一员，而更少地局限在当地群体。我觉得，大多数社会学家和人类学家将很难接受这一点。因此，我相信一定会有对这方面的争议，并且对这类争论充满期待。

6. 从欧洲作家那里，我们可以也应该知道他们十分强调所谓的"哲学人类学"，也就是说，他们试图定义人类，以及人与其他物种、人和物体、人和机器人之间的区别。人类所独有的决定性特征是什么？又是什么对于一个人如此必不可少，以至于如果没有它就不能定义一个人？

总的来说，这是美国心理学已经放弃的一个课题。各种行为主义并没有产生这样的定义，至少没有一个值得认真研究的定义。（刺激—反应的人会是什么样子？谁想成为其中一员呢？）弗洛伊德对人的描述显然是不合适的，因为它忽略了个人的抱负、可实现的希望和神圣品质。的确，弗洛伊德为我们提供了最全面的精神病理学和心理治疗体系，但是，这与当代的自我心理学家正在探究的却不相干。

7.一些存在主义哲学家过于单纯地强调自我的自我创造。萨特等人讲到"自我是一个项目"，它完全是由人自己持续的（也是任意的）选择所创造的，几乎就像他可以把自己变成任何他决定的东西一样。当然在如此极端的形式下，这几乎肯定是一种过分的说法，这与发生心理学和体质心理学的事实直接相悖。事实上，这实在是太愚蠢了。

另一方面，弗洛伊德派、存在主义治疗师、罗杰斯学派和个人成长心理学家都更多地谈论发现自我和揭露治疗，他们也许低估了意志的因素、决定的因素，以及我们确实通过选择来创造自己的方式。

（当然，我们不能忘记，这两类人都可以说是过度心理学化和社会学化。也就是说，他们在系统思考中没有充分强调自主的社会和环境决定因素的巨大力量，没有强调贫穷、剥削、民族主义、战争和社会结构等个人之外的力量。当然，任何一个心智正常的心理学家都不会梦想否认个人在这些力量面前有一定程度的无奈。但毕竟，他的首要职业义务是研究个人的人，而不是研究心理外的社会决定因素。同样，在心理学家看来，社会学家似乎过于单纯地强调社会力量，而忘记了人格、意志、责任等方面的自主性。把这两类人都看成是专家，而不是盲目或愚蠢。）

无论如何，看起来我们既发现和揭露了自己，也决定了我们将成为什么。这种意见的冲突是一个可以用经验解决的问题。

8. 我们心理学家一直回避责任的问题，以及与责任相关的勇气和人格中的意志的概念。也许这些问题与精神分析学家现在所说的"自我力量"很接近。

9. 美国心理学家已经听到了奥尔波特所号召的个体化研究心理学，但是却甚少付诸实践，就连临床心理学家也是如此。在这个研究方向上，现象学家和存在主义者又在推波助澜，这样的推动力是很难抗拒的，的确，我也认为，在理论上它是不可抵抗的。如果研究个体独特性不符合我们已知的科学，那么，对于这种科学概念则无异于雪上加霜。它必须经历再创造。

10. 现象学在美国心理学思想史上已经占有了一席之地，但从总体上来说，我认为它已经失去了活力。欧洲现象学家进行了极其审慎和费心的论证，再一次教会我们了解他人的最好途径，或者至少是为了某种目的所必需的一种方法，那就是进入他的世界观，并通过他的眼睛看到他的世界。当然，这样的结论对于任何实证主义哲学而言都是草率的。

11. 存在主义者强调个体的终极孤独，这对我们是一个有用的提醒。它提示我们不仅要进一步理解决策、责任、选择、自我创造、自主和同一性这些概念。这使得孤独感与同律性在直觉和同理心，爱和利他主义，对他人的认同等方面的交流变得更加扑朔迷离，引人深思。我们认为这些是理所当然的，如果能把它们当作有待解释的奇迹那就更好了。

12. 我认为存在主义作家的另一个关注点或许可以非常简单地概括为：生活的严肃性和深度（或者说是"生活的悲剧感"）与肤浅的生活表征形成对立；这种严肃而富有深度的生活其实是种克制的生活，是对人生终极问题的抵御。这不仅是书面概念，也对于心理治疗等方面存在实操意义。我（和其他人）越来越深刻地认识到，悲剧有时可以起到治疗作用，并且当人们被痛苦所驱使时，治疗往往效果最好。当肤浅的生活无法运转时，就会受到质疑，与此同时出现对基本原则的呼唤。存在主义者很清楚地证明了肤浅在心理学中也是行不通的。

13. 存在主义者和许多其他学派正在帮助我们了解利用语言、分析和概念进行推理的局限性。他们正在呼吁，我们应该回归原始经验，将其排在任何概念与抽象之前。我认为，这相当于对 20 世纪西方世界整个思维方式的一种合理的批判。无论是正统的实证科学还是哲学，都亟待重新审视。

14. 也许，由现象学家和存在主义者所带来的所有改变之中，最重要的就是一场等待已久的科学理论的革命。我不应该说"带来"，而应该说"帮助推动"，因为还有许多其他力量也参与打破官方的科学哲学或"科学主义"。我们要解决的不仅是笛卡尔对主体和客体的割裂。在现实中包含的精神和原始经验也必然会带来其他根本变革。这样的变革不仅会影响心理学，对于其他科学也是一样。例如，节俭，简单，精确、条理、逻辑、典雅、明确，这些来自抽象范畴的概念都会受其影响。

15. 在最后这一条，我要讲的是存在心理主义文献中对我影响最大的问题：心理学中的未来问题。不像我之前提到的其他问题那样，这个问题对我来说并不完全陌生。我相信，它对于所有认真研究人格理论学的学者也不会陌生。来自夏洛特·布勒、戈登·奥尔波特和库尔特·戈德斯坦等人的文献也使我敏锐地察觉到，应当解决现存人格在未来的动态变化这一问题，并应系统地将其归纳。例如，成长、形成和可能性必然指向未来；潜能、希望，愿望和想象的概念也是如此；退回到具象则是失去未来；威胁和恐惧也指向未来（没有未来就相当于没有精神疾病）；自我实现能否有意义，也取决于其是否与当前活跃的未来产生关联；可能人生最终仅是个完型，凡此种种。

然而，对于存在主义者来说，这个问题极为重要，关乎基本和中心意义。由此，我们也可以从中学到一些东西，就像在罗洛·梅编纂的文集中埃尔文·斯特劳斯所写的一样。如果一套心理学理论无法集中体现"人的未来就在他心中并在此时动态地活跃着"这一思想，那么这套理论就是不完整的。在我看来，这样的评判是公允的。从这个意义上而言，库尔特·勒温将未来解读为非历史的，也说得通。我们还必须认识到，在原则上只有未来是未知和不可知的，这意味着所有的习惯、防御和应对机制都是可疑和模糊的，因为它们都是基于过去的经验。只有灵活创新的人才能真正管理未来，他们能够充满自信、无所畏惧地面对新鲜事物。我确信，我们现在所说的心理学，在很大程度上其实是在研究某些花招。通过假装未来与过去并无二致，并用这些花招来规避全新的事物带给人的焦虑感。

总结

这些思量支持了我的希望，我们正在见证心理学的扩张，这并不会发展成一种新的反心理学或反科学的"新主义"。

也许，存在主义不仅会丰富心理学。它也可能会推动建立另一个心理学分支来研究充分发展、真我及其存在方式。苏蒂奇建议将它称作本体心理学。

显然，我们在心理学上所说的"正常"实际上是一种普遍的心理病态，他是如此平淡无奇，又广为传播，以至于我们通常都不会注意到它。存在主义者研究真正的人及真正的生活，这有助于将这种普遍存在的虚假以及这种被幻觉和担忧支配的生活暴露在刺眼的明亮光线下。这能够揭露其本身的病态面目，纵使这种病态广泛存在于人们之间。

我认为，欧洲存在主义者喋喋不休地说着恐惧、痛苦、绝望这些，对于他们，我们不必太过关心。因为，他们唯一能选择的补救方法也只能是咬紧牙根，直接面对。每当外部价值观不起作用时，就会有无数高智商的人低声啜泣。

这种高智商的呜咽就会在宇宙范围内发生。他们应当从心理治疗师那里学到，丢掉假象和发现同一性，虽然一开始会很痛苦，但最终会让人感到兴奋并变得坚强。

第二编

成长与动机

Toward a Psychology of Being

第三章　匮乏性动机与成长

　　"基本需要"这个概念可以根据其所回答的问题和它的操作来定义。我的第一个问题是关于精神病病因，即"神经官能症是由什么导致的？"我的回答（我认为是对心理分析法的修改和完善）可以概括为：神经官能症从其核心和起源来看，似乎是一种匮乏性疾病。这是因为我所说的"需要"，在某种程度上无法被满足。这就好比我们需要水、氨基酸和钙，一旦缺乏，人就会生病。除了其他复杂的诱因外，大多数神经官能症都与无法满足下面这些愿望相关，包括：安全、归属感和认同、亲密的爱情关系、尊重和威望。我的"数据"是通过 12 年的心理治疗工作与研究以及经过 20 年的人格研究收集而来的。有一项明显的对照研究（在同一时间和同一手术中完成）是关于替代疗法的效果的，该研究显示，尽管有很多复杂情况，但当不再出现此类匮乏时，疾病往往就会消失。还有另一项关键的长期对照研究是关于神经官能症患者和健康人群的家庭背景的，也许其他很多人也做过此类研究。该研究显示，那些后来变得健康的人是因为他们不再缺乏满足必要基本需要这一条件，比如说不再压抑其性需求。

其实，现在大多数临床医师、治疗专家和儿童心理学家都认同这类结论，（虽然他们很多人和我的措辞不同），这就使得在定义"需要"这个概念时，逐年变得更加自然、流畅、自发性强，并且这是对实际经验数据的概括（而不是仅仅为了让自己的结论显得客观，就武断地得出结论，跳过了知识积累的过程）。

如果符合下面这些长期匮乏的特征，那就是基本需要或类本能需要：

1. 它的缺乏会引发疾病；

2. 它的存在会避免疾病；

3. 它的恢复会治愈疾病；

4. 在某些（非常复杂的）自由选择的情况下，被剥夺的人更想满足它，而非其他需要；

5. 在健康的人身上，它并不活跃，处在低谷或者是不起作用。

基本需要或类本能需要的另外两种特征是主观的，第一种是有意识或者无意识的渴望和欲望；另一种是匮乏感或不足感。这就好像一方面感到丢了什么，而另一方面又感到满足（"这种滋味还不错"）。

关于定义，还有最后一点。本领域的一些作者试图定义或者界定动机时，困扰他们的诸多问题源自他们只追求外部可见的行为标准。动机最初的标准，并且除了行为心理学家，所有人使用的标准都是主观的。当我产生欲望、需求、渴望、愿望或者是缺乏时，我就会产生动机。目前，仍未找到哪种客观可见的状态与这种主观报告相关。也就是说，对于动机，还没有合适的行为定义。

当然，现在我们应该继续寻找主观状态的客观关联物或指标。有朝一日，当我们发现愉悦、焦虑、愿望的公开的外部指标时，心理学将跃进新的世纪。但是在我们找到它之前，我们不能假装已经找到了它。也不能忽视我们所拥有的主观数据。很遗憾，我们不能问老鼠要主观报告；然而，幸运的是，我们可以问人类要，在我们拿到更好的数据来源之前，没有理由不这样做。

这些需要实质上是有机体的缺失，换而言之，为了健康这些空洞必须填满。同时，必须让其他人从外部填充这些空洞，而不是靠自己去填。我将这种需要称作缺失性需要或者匮乏性需要，这么叫的目的是为了说明，并将它们与另一种非常不同的动机对比。

没有人会质疑我们"需要"碘或者维生素这种说法。我想提醒你们，我们对爱的"需要"也是一样的。

近今年，越来越多的心理学家发现自己不得已假定某种成长或自我完善的趋向，这样才能补充平衡、稳态、减少紧张、防御和其他保护性动机的概念。这是有很多原因造成的：

1.心理治疗。趋向健康的压力使得治疗变得可能。这是绝对必要的条件。若没有这种追求健康的趋向，一旦治疗超出了防御痛苦和焦虑的范畴，就无法解释了。

2.脑损伤的士兵。戈德斯坦的作品是众所周知的。他发现，只有发明自我实现这个概念，才能阐释脑损伤的人是如何重新整合个人能力的。

3. 心理分析。包括弗洛姆和霍妮在内的著名心理分析家发现：若不假定精神官能症是对成长、发展完善、实现人生可能性等冲动的扭曲，则不可能理解它。

4. 创造性。通过研究那些正在健康成长和已经健康长成的人，特别是将其与病态的人对比时，创造性这个问题就显现了。尤其是艺术理论和艺术教育都需要成长和自发性的概念。

5. 儿童心理学。通过观察儿童，越来清楚地证明，健康的儿童享受成长和进步，收获新的技能、能力和力量。这恰恰与弗洛伊德的相关理论相左。在弗洛伊德的理论中，每个孩子都会拼命地依赖他们已经适应的东西，也会依赖他们每次已经达到的静止或平衡状态。

6. 根据他的理论，对于心生不愿或者是内向的儿童，应该不断地迫使他们进步以及走出舒适圈，进入充满危机的新环境。

虽然弗洛伊德的这一观念不断被临床医生证实，在很大程度上适用于那些缺乏安全感、易受到惊吓的儿童。同时，对于全人类而言，这一理论也在某种程度上来说是正确的。但是，对于健康、快乐、有安全感的儿童，这并不适用。在这些孩子身上，我们清楚地看到了他们渴望成长、长大并渴望丢掉过时的适应，就像是扔掉一双旧鞋子一样。我们从他们身上清楚地看到，这不仅是对新技能的渴望，而且是在反复享受其过程中最明显的喜悦，也就是卡尔·布勒所谓的"功能渴望"。

各种学派的作者们，包括著名的弗罗姆、霍妮、荣格、布勒、安吉尔、罗杰斯、奥尔波特、沙赫特和林德以及最近新出现的一些天主教心理学家。对于他们来说，成长、个性化、自主、自我实现这些概念都是同义的，指的是一个模糊的感知区域，而不是一个明确定义的概念。在我看来，目前还不可能对这个领域明确定义。并且，这种做法也不符合需要。因为，如果一个定义不能自然、轻松地从众所周知的事实中得以体现，那它很有可能不仅无用，而且会带来阻碍和歪曲。这是因为仅凭个人意愿就随意根据先验下定义是很容易混淆或被误导的。我们对成长的了解仍然不够，尚无法给出恰当的定义。

成长的意义无法定义，只能部分通过正面指代来表示它像什么，部分根据反面对比来展现它不是什么。比如，成长与平衡、稳定、减少紧张等不同。

支持者认为，有必要提出这一概念，一方面因为他们的不满（现存的理论没有涵盖某些新发现的现象）；另一方面，旧的价值体系瓦解后，也的确需要这些理论和概念来更好地配合正在发展中的新的人道主义价值体系。然而，目前的做法主要是直接研究心理健康的个人。这种做法不仅出于内在的个人兴趣，也是为了给治疗理论、病理学及价值理论打下相对坚实的基础。我认为，要想揭示教育、家庭培养、心理治疗和自我发现的真正目标，似乎必须采用这种直接接触的方式。成长的最终产物能够很大程度上向我们解释成长过程。

在最近的一本书里，我描述了在这项研究中的发现，同时我也坦率地理论概括了这种研究在样本选择上对一般心理学的各种可能后果，因为它直接研究了那些健康积极的好人，而没有考虑那些病态消极的坏人。（我必须提醒你，在其他人重复这项研究之前，这些数据被认为是不可靠的。该研究中有可能产生主观推测，然而研究者本人不可能察觉。）现在我想讨论一下我观察到的健康人士和其他人之间存在的一些不同之处，即对比由成长需要驱动的人和被基本需要驱动的人。

就动机状态而言，健康人群已经充分满足了安全感、归属感、爱、尊重以及自我尊重这些基本需要，所以他们的动机主要来自于自我实现这种趋向（自我实现的定义：通过不断实现潜能、能力和天赋；完成使命、召唤、命运、天命或天职）；更全面地认识并接纳自身内在本性；个人内心不断趋向统一、完整和协同）。

相较这个笼统的定义，我之前提出的定义具备描述性和实操性，更为可取。通过描述临床中观察到的特征，我才对健康的人下了定义。这些特征是：

1. 能够很好地感知现实；

2. 更能接受自我、他人和自然；

3. 自发性较强；

4. 以问题为中心的意识较强；

5. 更加超然并且更追求独处；

6. 自主性较强，抗拒文化适应；

7. 鉴赏力更新颖，情绪反应更丰富；

8. 高峰体验的频率更高；

9. 对人类这一物种的认同感更强；

10. 人际关系发生变化（临床医师会用"改善"这个表达）；

11. 性格上更追求民主；

12. 更具创造性；

13. 价值体系发生某些变化。

另外，这本书也描述了上述定义的局限性，这是因为在抽样和数据有效性上的不足是不可避免的。

迄今为止，在描述健康的人这一概念时，其略显静态的特征是一个主要难题。我只在老年人中发现了自我实现，所以人们往往将其视为一种最终或者终极状态，一种遥远的目标，而非将自我实现当做贯穿人生的动态过程。它被视作是现在的状态而非形成的过程。

如果我们把成长定义为使一个人走向最终自我实现的种种过程，那么这与观察到的它在生命历程中一直在进行的事实更加一致。这也就否认了对于自我实现的动机顺序中的错误概念，即要么全部按次序发展，要么全部毫无次序地跳跃发展。这类想法认为必须按照顺序，逐步地满足其基本需要，这样下一个更高层次的需要才会出现。因此，成长不仅被视为基本需要的逐步满足，直至它们"消失"，而且还被视为满足更高层次的需要的特定成长动机，例如，天赋、能力、创造倾向、本质潜能等。因而帮助我们认清基本需要和自我实现之间的关系就像童年与成年一样，并没有什么矛盾。基本需要会逐渐转变为自我实现，而且是其形成的必要条件。

我们将在这里研究这些成长需要和基本需要之间的区别，通过临床观察得出自我实现者与其他人动机生活的差异。虽不完善，但匮乏性需要和成长性需要已经可以很好地描述出下面这些差异。例如，并不是所有的生理需要都是匮乏性需要，例如性、排泄、睡觉和休息。

在更高层次上，对安全、归属感、爱和尊重的需要都是明显的匮乏性需要。但不确定自尊是否也是匮乏性需要。诸如满足好奇心、系统性的解释和满足对美的遐想这类认知需要一般都会被简单地当成是匮乏性需要，对创造和表达的需要则是其他的。显然，不是所有的基本需要都是因为匮乏，而那些如无法满足就会致病的需要都是匮乏。显然，墨菲所强调的感官满足并不能当成是匮乏性需要，甚至都算不上是一种需要。

总之，当一个人屈服于满足匮乏性需要或当他被成长支配、受到超越、成长、自我实现的激励时，这两种状态对于人的心理生活的很多方面都不同。

1. 对冲动的态度：抵制冲动和认可冲动

事实上，无论是历史上还是当前所有的动机理论，都对需要、动力、激励有着相同的描述：讨厌的、恼人的、令人不悦的、不受欢迎的、需要摆脱的东西。动机行为，目标寻求，完成性反应都是未来减少这些不适的方法。这种对于动机理论的广泛描述都清晰地呈现了这种态度，即缩小需要、减少紧张、降低动力、缓解忧虑。

在动物心理学以及基于大量对于动物研究工作的行为主义中存在这种态度，是可以理解的。可能是因为动物只有匮乏性需要。无论事实是否如此，为了客观，在任何情况下我们对待动物的态度都是如此。目标对象必须是动物机体之外的东西，这样我们才能衡量动物为达到这个目标所付出的努力。

弗洛伊德心理学也是建立在这种对动机的态度之上，即冲动是危险的，必须与之抗争，这也可以理解。毕竟，整个弗洛伊德心理学都是基于病态的人的体验，而这些病态的人都在需要和满足上有不好的体验或者受挫。这也难怪这些人会惧怕甚至憎恨他们的冲动，因为这些冲动给他们制造了那么多麻烦，没完没了地操纵着这些人并时常压抑他们。

当然，这种对欲望和需要的贬低是贯穿整个哲学、神学和心理学历史的永恒主题。禁欲主义者，大多数享乐主义者，几乎所有的神学家，许多政治哲学家和大多数经济理论家都有着一致的论断，即好、幸福或快乐本质来自满足渴望、欲望和需要。

简单地说，这些人都认为欲望和冲动是种令人讨厌的或者甚至将它视作一种威胁，因此通常会努力摆脱它、否认它或避免它。

这样的论点有时确实是实际情况的反映。生理上的需要，对安全的需要，对爱的需要，对尊重的需要，对信息的需要，这些需要事实上常常是许多人的烦恼，带给人精神上的麻烦和层出不穷的问题，对于那些在满足需要时有过失败体验的人和那些自知难以获得满足的人尤为突出。

即便存在这些匮乏性需要，情况也未免描述得过分夸张了。以下是一个人可以接受和享受自己的需要，并欢迎它们进入意识的条件：（a）过去的匮乏性需要得到了满足；（b）现在或将来的匮乏性需要能够得到满足。比如，一个人一般都能享有食物，并且现在就有美食，那么此时他的意识会欢迎这种食欲，而不是惧怕这种食欲（"吃这个动作会扼杀我的食欲"）。与饥饿情况相同的还有口渴、瞌睡、性和爱等等这些需要。然而，在最近纳入进来成长（自我实现）动机的意识和考量后，这对"需要就是麻烦"理论有了更有力的反驳。

由于每个人都有不同的天赋、能力和潜力，所以很难列出属于"自我实现"范畴的众多特殊动机。但对他们来说，有些特点是普遍的。一种是，这些冲动是被渴望和欢迎的，是令人开心和愉快的，人们想要更多而不是更少。如果它们构成紧张，那也是愉快的紧张。创造者通常欢迎他的创造冲动，有才能的人享受使用并扩展他的才能。

在这种情况下，说"减轻紧张"是不准确的，这意味着摆脱了一种烦人的状态，然而这些状态并不烦人。

2. 满足的不同效应

对需要的消极态度总是与同这样的观念联系在一起，即认为有机体的主要目的是摆脱让人烦恼的需要，从而终止紧张，达到没有痛苦的平衡、内稳、平静、静止的状态。

这种动力或需要要求其自身完成消除。它唯一的目标就是走向休止，消除自身，变成不需要的状态。把这一点推到逻辑极端，我们就与弗洛伊德的死亡本能理论纠缠在一起了。

安吉亚尔、戈德斯坦、奥尔波特、布勒、沙赫特尔及其他学者都有力地批判了这种实质为死循环的观点。如果动机的生活本质来自防御性地摆脱令人恼怒，又如果降低紧张感的唯一最终结果就是消极地等待更多不受欢迎、令人烦恼的事情出现，再将其摆脱，这样的话，变化、发展、运动或方向是如何产生的呢？人为什么还要改善自己？为什么要更聪明？生活的兴趣又是什么？

夏洛特·布勒指出，稳态论不同于休止论。休止论只是单纯谈论消除紧张，暗指"零紧张"是最好的。稳态论意指紧张不为零，而是达到一个最佳水平。这意味着有时减轻压力，有时增加压力，例如，血压可能过高或过低。

以上理论都明显缺乏贯穿终生的恒定方向。人格的成长、智慧的增长、自我实现、性格的强化、人生的规划这些问题在这两种理论中都没有得到解释，也无法用其解释。为了使贯穿终生的发展具有某种意义，必须借助于长期的矢量或定向趋势等。

甚至是在匮乏性动机这点上，上述理论也最多可以算是一种不充分的描述。这里缺乏动态原则将所有这些单独的动机事件联系在一起。不同的基本需要以等级的顺序相互关联，在满足某个需要后，它不再占据中心地位，这不会带来静止状态或者禁欲主义的冷漠，而会让位给另一个"更高层次"需要。渴望和欲望会继续存在，但是他们的层次会更高。因此，这种终将归于静止状态的理论是不充分的，即便是对于匮乏性动机，亦是如此。

然而在我们调研那些主要因成长动机驱动的人时，这种归于静止的观点就完全不起作用了。对于这类人，满足带来的是动机、兴奋和欲望的增强而非削弱。他们追求自我成长，要求不减反增，比如他们对教育的要求越来越多。他们并没有归于静止，反而变得更加积极。成长对于他们的欲望起到的是刺激作用，而非减弱作用。成长本来就是一个实现满足并令人激动的过程，例如，实现追求和抱负，成为一名优秀的医生；习得一直钦羡的技能比如演奏小提琴或者做一个好木匠；不断增长对人、宇宙或自己的理解；在任何领域发挥你的创造性，或者，最重要的一点：想要成为一个健全的人。

早在之前，韦特海默就用一种看似矛盾的说法强调过同一差别的另一个方面：这种真正用来追求目标的活动只占用了他不到10%的时间。活动受到人们的欢迎或许是因为其内在原因，也可能是因为它可以作为满足某种渴望的工具，这就赋予其价值。在后一种情况下，当它不再成功或有效时，它就失去了它的价值，也不再令人愉快。更常见的情况是，人们根本不享受这个活动，只是享受通过活动能达到的目的。这类似于一种对待人生的态度，这种态度所看重的并非人生本身，而是在人生终点进入天堂。这样的概括是观察后所得出的，可以看到自我实现者享受人生，且享受人生的方方面面，而其他大多数人只是享受那些胜利、成就或高潮或高峰体验的瞬间。

一定程度上，生活的这种内在效力源自成长和成熟的固有乐趣。但是这也取决于健康的人将这种工具性活动转变为目的性体验的能力。如此一来，作为工具的活动也会像目的活动一样为人享受。成长性动机可能是长期性的。对于大多数人而言，要想成为一位优秀的心理学家或艺术家，可能需要倾尽毕生时间。所有平衡论、稳态论或静止理论仅涉及短期事件并且事件之间并无关联。奥尔波特曾特别强调这一点，健康的人的特征或者本性中的核心在于周密计划和对未来的展望。他承认，"事实上，匮乏性动机确实要求缓和紧张，恢复平衡。另一方面，成长性动机为了遥远且往往无法实现的目标而维持紧张关系。因此，它们区分了人类和动物的进化，成人和婴儿的进化。"

3. 满足在临床和人格上的影响

满足匮乏性需要和成长性需要对人格的主观和客观影响都是不同的。概括来说，我目前所做的探究就是：满足匮乏性需要能避免疾病；满足成长性需要能积极促进健康。我必须承认，当前很难通过研究来证明这一观点。但是，在临床上，抵御威胁或攻击和积极的胜利及成就之间，自我保护、抵御、防护和追求实现、刺激和扩张之间的确存在差异。我曾尝试用充实地生活和准备过上充实生活以及成长和成熟来对比其差异。我还将（为了减少痛苦）采取的防御机制和（为了实现成功并战胜困难）应对机制拿来比较。

4. 不同类型的快乐

像许多前辈一样，埃里希·弗洛姆曾经为区分高级快乐和低级快乐作出过有趣且重要的努力。这对于突破主观伦理相对性至关重要，也是科学价值理论的先决条件。

他区分了匮乏性快乐与富足性快乐，满足需要的"低级快乐"和生产、创造以及发展洞察力的"高级"快乐。随着匮乏性满足而产生的过分满足、放松、紧张消失后，与人轻松且完美地作为、处于能力高峰时可以说是在超速状态时（见第六章）——感受到的功能渴望、狂喜、宁静相比，至多可算作"宽慰"。

"宽慰"如此依赖于会消失的东西，所以它更容易消失；而成长带来的快乐必定更稳定、更持久、更连续，可以永远存在。

5. 可达成的目标状态（针对某一事件）和不可达成的目标状态

匮乏性需要的满足往往针对某一事件并且有其顶点。最常见的模式开始于一种激发、激励的状态，这种状态会引发对于目标的动机行为。它会在欲望和兴奋中逐渐稳步上升，最终在成功和完成的时刻达到顶峰。随后，从欲望、兴奋和快乐的曲线最高处急剧下降到一种毫不紧张、缺少动机的平稳状态。

虽然，这种模式并非普遍适用，但在所有情况下，它都与成长性动机形成了鲜明对比。因为，成长性动机的特点是没有顶点或完成，没有高峰时刻也没有终止状态，在极端定义下，它甚至没有目的。相反，成长是一种持续的、相对稳定的向上或向前发展。一个人得到的越多，那么他需要的也就越多，所以，这种需要是绵绵不断，永远没有终止也无法满足。

正是由于这个原因，平常无法将激励、目标探索、目标对象与附带影响四者分开。行为本身就是目标，不可能区分成长的目标和对成长的激励。它们也是相同的。

6. 物种共有的普遍目标和特质目标

匮乏性需要是全人类共有的，其他物种也或多或少拥有。自我实现是特质的，因为每个人都不同。匮乏，也就是每个物种的需要，应当充分满足才能让真正的个体得以充足发展。

正如所有的树木都需要环境给予其阳光、水和养分，人类也需要从环境中得到安全、爱和地位。然而，两种情况下，这些都是个体真正开始发展的地方。一旦满足了这些基本的、物种所必须的需要，每棵树和每个人都以自己独特的方式继续发展，利用这些需要达到自身目的。从一个非常有意义的角度上说，实现发展将变得更加取决于内部而非外部。

7. 对环境的依赖性和独立性

对安全、归属感、爱的关系和尊重的需要只能由他人来满足，也就是只能依靠外在。这意味着，这些需要非常依赖环境。一个依赖外部条件的人，的确不能算是能够管理自己或者掌握自己的命运。他必须感恩满足其需要的来源。他人的愿望、奇想、规则和法律支配着他，为了避免损害满足其需要的来源，他必须作出让步。在一定程度上，他必须是"由他人主导的"。

在某种程度上，而且必须敏感关注他人的认可、喜爱和善意。也就是说，他必须通过灵活调整、快速反应、改变自己从而适应外部环境。他是因变量，而环境是固定的自变量。

正因如此，由匮乏性动机驱使的人必然会更加畏惧环境，因为环境总是有让他失败或失望的可能性。我们现在知道，这种焦虑的依赖性也会滋生敌意。所有这些加在一起就导致了自由的丧失，这或多或少取决于个人的运气好坏。

相反，自我实现的个体，也就是定义为已经满足基本需要的人，他们更加独立、不受牵绊、自主且以自我为导向。由成长动机驱动的人，不仅不需要他人，而且他人对他们来说实际上更像是一种阻碍。我已经在之前的研究中写到过，这些人特别追求独处、超然和深思的状态。

这样的人会变得更加依靠自己的力量获得满足以及更加独立。现在，支配他们的决定因素主要来自内在，而非社会或环境。这些内在决定因素包括他们内在本性的规律、他们的潜能和能力、他们的天赋、他们的潜在资源和他们的创造性冲动，他们对自我更真切的认知以及他们知道自己要的是什么，还有他们知道自己的使命、天职和命运。

由于自我实现者很少依赖他人，所以他们很少对他人产生矛盾感，很少会有忧虑、敌意也不太需要他人的褒奖或是喜爱。他们很少对荣誉、名望和奖赏感到渴望。

自主性或是对环境的相对独立性，也意味着相对独立于不利的外部条件，例如厄运、重创、不幸、压抑和剥夺。正如奥尔波特所强调的，人类本质上是反应性的，我们可以称之为刺激——反应的人。他认为，人是由外部刺激推动的。对于自我实现者来说，这种观点完全是荒谬且不成立的，因为他们的行动更多的来自内部动力而非对外在的反应。这种相对独立于外部世界及其带来的命令和压力，当然并不意味着缺少与外部世界交流或者不尊重它的"要求特性"。这仅仅意味着在接触外部世界时，让自我实现者能做决定的因素在于其自身的愿望和计划，而非来自环境的压力。我将其称为心理自由，与地理自由形成了对比。

奥尔波特描述了"机会主义"和"个人自身"这两个因素在行为决定上的对比。这与我们所说的由外在还是内在决定的这套理论非常相似。这也提醒我们，生物学理论学者一致同意，个人在环境刺激中不断增长的主动性和独立性应当被视作完整的个性、真正的自由和整个进化过程的决定性特征。

8. 与利益相关或无关者的人际关系

事实上，相较于由成长性动机驱动的人，受匮乏性动机驱动的人更加依赖他人。他们与他人的关系更加与利益相关，并对他人更加需要、依恋和渴望。

这种依赖性歪曲并限制了人际关系。这种把他人看成是用来满足其需要的供应来源的行为是抽象的，因为看待他人时的出发点是实用主义，而非将他人当成完整、复杂、独特的个体。对于采取这种看法的人，他人的身上与需要无关的地方要么被完全忽视、要么令他们感到厌烦、恼怒或者威胁。这就类似于我们与牛、马、羊的关系，以及与为我们所用的侍者、出租车司机、搬运工、警察等的关系。

只有当他对他人无所求或者自身没有任何需要时，他才可能在感知他人时做到完全不从私利考虑、没有欲望并且客观全面。自我实现者（或者是处在自我实现状态的人），他们更有可能从美学角度出发全面地审视他人。除此之外，自我实现者对他人的赞许、仰慕和爱并不是因为他人对其有用，而是基于他人客观存在的自身品质。受到他人仰慕是因为其拥有值得令人仰慕的品质，而不是因为他会拍马奉承；被他人所爱是因为他值得被爱，不是因为他付出了爱。这就是我们接下来要讨论的亚伯罕姆·林肯所说的无所求的爱。

与他人产生"利益相关"和可以满足需要的人际关系有一个

特征，就是这些可以满足其需要的人是可以替换的。比如，青春期的少女需要的是爱慕这种感受本身，因此，由谁来爱慕他们就无可厚非了。提供爱慕的人在她们眼里都是一样的。对于爱和安全的提供者也是如此。

感知者越是渴望满足其匮乏性需要，就越难以用一种不掺杂利益、不图回报、不从实用角度且无所求的角度去看待他人，并把他人视作一个独特、独立且自主的个体来了解。"高上限"人际心理学，即对人际关系可以发展到的最高水平的理解，不能建立在匮乏性动机理论的基础上来研究。

9. 自我中心和自我超越

以成长为导向、追求自我实现的人对于自身或自我有着复杂的态度。当我们描述这种态度时，就面临一个困难的悖论。这个自我力量处在高峰的人，恰恰最容易忘记自我或超越自我，他也最能够以问题为中心，最能不顾自己的利害关系，活动中出于其最本能。安吉亚尔用一个术语对其描述：最具有同律性。这样的人对于认知、笃行、欣赏和创造活动能做到全神贯注、和谐、单纯。

一个人的匮乏性需要越多，就越难具有以世界为中心的能力，他们更多的是以自我为中心，以满足需要为导向。一个人越有成长动力，就越能以问题为中心，从而在处理客观世界的问题时越发能够抛开自我意识。

10. 人际心理治疗和人际心理学

在过去或者现在未能满足基本需要是寻求心理治疗的人的主

要特征之一。神经官能症可被视为一种因匮乏带来的疾病。正因如此，治疗时的基本方法是给病人提供其匮乏的东西或者让病人自己能满足其匮乏性需要。因为这些匮乏性需要是由他人来满足的，一般来说这种治疗一定关乎人际关系。

但是，这一事实被过度泛化。的确，满足了匮乏性需要的人和主要由成长性动机驱使的人都逃不过矛盾、不快、忧虑和困惑。在这种时候，他们也倾向于寻求帮助，很可能会求助于人际关系治疗。但是，不要忘了，由成长性动机驱使的人在解决问题和矛盾时，他们通常靠的是自己通过沉思来审视内心，也就是自我探索，而不是寻求他人帮助。即使在原则上，自我实现的许多任务很大程度上也是内在的，如制定计划、发现自我、选择发展潜力、构建人生观。

在人格完善理论中，必须为自我完善、自我反省、沉思、冥想留出一席之地。在成长的后期，人实际上都在独处状态，只能依靠自己。奥斯瓦尔德·施瓦茨将这种健康人的进一步改善称为"心理促进学"。如果说心理疗法是治愈病态的人，消除其症状，那么心理促进学则是接手了那些心理疗法没有涉及的方面并试图让本就非病态的人变得更健康。罗杰斯的研究表示，根据威洛比情绪成熟量表，病人的平均值在其接受成功的治疗后，由之前的25%提高至50%。对于这一点我很感兴趣。那么谁能帮病人将这个平均值提高到75%或100%呢？难道对此我们不需要新的原则和方法吗？

11. 工具性学习和人格改变

在这个国家，所谓的学习理论几乎完全建立在匮乏性动机的基础上，目标对象通常是有机体外部的，也就是学习满足需要的最优方式。因此，相比于其他学科，我们心理学的学习只是一个有限的知识体系，适用于较小的生活领域，也只有那些"学习理论家"才真的感兴趣。

对解决成长和自我实现，学习理论能提供的帮助是很少的。在这里就着实不需要反复从外部世界满足匮乏性动机的方法了。联想学习和渠化学习更多地让位于知觉学习，增进洞察和理解，自我认识和人格的稳定成长，即增强协同、整合和内部一致性。改变不再是一个接一个地掌握习惯和联想，更多地是整个人的彻底变化，也就是成为一个全新的人，而不是在同一个人身上增加某些习惯，就像是增加物质财富一样。

这种性格——改变——学习的过程是在改变一个非常复杂、高度整合的有机整体，这反而也意味着很多影响根本不会发生变化，因为随着人变得更稳定、更自主，他会更加拒绝这种影响。

我的研究对象的最重要的学习经历往往是个人的生活经历，比如劫难、死亡、创伤、转变和顿悟。这些经历迫使一个人的人生观发生改变，从而改变他所做的一切。（当然，所谓的"消解"不幸或者产生顿悟的时间是很长的，但是这也不是联想学习的问题。）

如果可以使成长脱离压抑和束缚，允许一个人"做自己"，能够像原本那样"光芒四射"、自然而然地做事，而非重复地做出行为，允许他根据内在本性来自我表达，这样的话，自我实现者的行为是天然的、创造的、释放的，而非习得的，是表现自我的，而非应对他人的（《动机与人格》180页）。

12. 匮乏性动机激发的知觉和成长性动机激发的知觉

满足了匮乏性需要的人与存在领域有更为紧密的关系，这一点可能会是最终能够证明的最重要的差异。至今，心理学家也没认同哲学家的这种模糊的论断，这一领域尚不明晰，但在现实中具有不容置疑的基础。但现在，通过对自我实现的个体的研究，我们可以看到各种各样的基本见解，这些见解对哲学家来说都是旧调重弹，但对我们来说很新。

例如，如果我们自喜地研究关心需要的知觉和不关心需要（或者无需要）的知觉之间的差异，我想，我们对知觉的理解以及对感知世界的理解将会大大改变和扩大。因为后者更具体，更少抽象性和选择性，个人可能更容易看到认知的内在本性。而且，他还能同时认知到对立、分歧、两极、矛盾和不相容的东西。

这就好像一个发展不充分的人，他生活在一个亚里士多德式的世界里。那里类别和概念有着明显的界限，相互排斥，互不相容。例如，男性—女性、自私—无私、成人—儿童、善良—残忍、好—坏等。根据亚里士多德的逻辑，A 就是 A，任何其他东西都是非 A，二者永远合不到一起。但是在自我实现的人们看来，A 和非 A 是相互渗透的，而且是一体的，任何人都同时是好的和坏的，男性和女性，成年人和孩子。我们不能把整个人放在一个连续统一体中，只能看到他抽象的一面。

当我用"需要—决定"的方式去认知时，可能意识不到这一点。但当别人用这种方式来认识我们时，我们一定能察觉得到，比如，我们被他人仅仅当成金钱、食物、安全、依赖的供应者亦或是服务员、其他无需知道名字的仆役或者工具。当这种情况发生时，我们一点也不喜欢它。我们不喜欢被视为有用的物品或工具。我们不喜欢被"利用"。

因为通常自我实现者不需要从他人身上抽取用来满足自己需要的品质，一般也不会把他人当作工具，所以自我实现者更有可能对他人采取一种不重视、不评判、不干涉、不谴责的态度。这就是一种无欲望、"无选择的意识"。这样就可以更清楚、更有洞察力地感知和理解他人的实际情况。这种不纠结、不介入、超然的知觉便是外科医生和治疗专家都应当尽力达到，而自我实现者不需要努力便可达到。

特别是当被查看的人或物体的结构是困难、微妙、不明显的，这种感知方式的差异最为重要。此时，知觉者必须尤其尊重客观对象的本质。认知必须是温和的、微妙的、不受干扰的、不苛求的，能够被动地适应事物的本性，就像水轻轻地浸透缝隙一样。它不能像"需要—动机"型知觉一样，采取一种像屠夫切肉一样狂暴、凌驾一切、像开采一样有目的的方式。

认知世界的内在本性的最有效的方法在于接受多于主动，尽可能多地由所感知事物的内在结构决定，尽可能少地由感知者的本性决定。对于具体事务中一切同时并存的方面，这种超然的、道家的、被动的、不干涉的感知，与一些审美体验和神秘体验有很多类似之处。二者强调的是一样的，即我们看到的是真实的、具体的世界，还是我们自己投射到现实世界的规则、动机、期望和抽象体系？或者，直截了当地来说，这是我们所看见的还是我们被蒙蔽了。

需要的爱和非需要的爱

根据鲍尔比、斯皮茨、利维等人的普遍研究表明，对爱的需要属于匮乏性需要。对爱的需要就像一个洞，必须用爱来填满；它是一种空虚，需要注入爱。如果爱这种治疗的必需品无法供给，就会产生严重的精神疾病；如果在适当的时机，获得适度且类型合适的爱，就可以避免精神疾病。病态和健康的中间状态跟随受挫与满足的中间状态而来。如果病态不是太严重，且发现的足够早，就能用替代疗法将其治愈。也就是说，在某些案例中，"爱的饥渴"这种病可以通过补偿病理性匮乏而治愈。爱的饥渴是一种匮乏性疾病，就像缺少盐或维生素一样。

对于健康的人来说，他们没有这种匮乏，所需要的只是少量、稳定、用于维持可以计量的爱，甚至在某段时间连这些都不需要。但是，其动机完全在于满足匮乏、解决需要，就会产生矛盾。需要的满足会让它消失，也就是说，处于令人满意的爱情关系中的人恰恰是不太可能给予和接受爱的人！然而，对于被爱所满足且较为健康的人的临床研究表明，尽管他们不太需要获得爱，但他们更有能力付出爱。从这个角度来看，他们是更有爱的人。

这一研究结果本身暴露了普通动机理论（以匮乏性需要为中心）的局限和"超越性动机理论"（或成长性动机、自我实现理论）的必要性。

我已经对存在爱（对另一个人的存在的爱、无需求的爱、无私的爱）和匮乏爱（匮乏性的爱、需要的爱、自私的爱）进行了初步的动态对比。在这一点上，我只想用这两类人来举例说明上面做出的一些结论。

1. 存在爱是受意识欢迎从而进入的，并且完全是一种享受。因为，它没有占有欲，是赞赏而非需要。存在爱也不会制造麻烦，它实际上总是带来愉悦。

2. 存在爱永远不会得到过度满足，这种享受可能是没有终止的。它通常会不断变大，不会消失。其本质上是一种享受，是目的而非手段。

3. 对存在爱的体验通常被描述为与审美体验或神秘体验相同，而且具有同样的作用（详见关于"高峰体验"的第六章、第七章和《高峰体验研究》）。

4. 体验存在爱的心理治疗和促进作用是非常深刻而广泛的。这种作用同健康的母亲对她的宝宝那种相对纯洁的爱，或者某些神秘主义者所描述的对上帝的完全的爱，作用在性格上时效果相似。

5. 毫无疑问，相较于匮乏爱（所有享有存在爱的人之前都体验过），存在爱是一种更丰富、"高级"且更有价值的主观体验。我的其他更年长、更普通的研究对象也表达了这种对存在爱的偏好，他们中的许多人同时以不同的组合体验了两种爱。

6. 匮乏爱是可以满足的。"满足"这个概念很难应用在对其他值得倾慕和爱的人所产生的赞美和爱之中。

7. 在存在爱中，焦虑和敌意也最少，甚至在实际中没有忧虑或敌意。的确，有可能是为了他人感到焦虑。而匮乏爱中，总会有一定量的焦虑或敌意。

8. 享有存在爱的人之间更加独立自主，很少有忌妒、威胁或者需要。他们之间更注重个体、更无关利益，但同时也更希望可以帮助他人完成自我实现，也更会为了别人的成功感受到自豪，更加利他、慷慨、善于培养。

9. 存在爱使最真实、最深刻地认知他人成为可能。正如我已经强调过的，这既是一种认知反应，也是一种情感反应。这一点给人留下了深刻的印象，而且时常被别人后来的经验所证实，因此，我非但不接受"爱使人盲目"这种老生常谈，反而越来越倾向于认为反过来才是对的，即无爱使人盲目。

10. 最后，我可以说，存在爱创造了合作者。这一说法是深奥但是经得起检测。它赋予人一个自我形象，给了他自我接受，一种值得爱和值得尊重的感觉，所有这些都能让他成长。的确存在这样一个问题：没有存在爱，人是否还能全面发展。

第四章 防御与成长

本章力求为成长理论带来更系统化的分析。一旦我们接受了成长概念，就会提出很多细节问题。成长是如何发生的？儿童为何会成长，又为何不成长？他们如何明白要朝着哪个方向成长？他们又是如何避开病态的成长方向呢？

毕竟，自我实现、成长、自我这些概念都是高层次的抽象概念。我们需要更了解实际的过程，接近原始数据，接近具体的、活生生的事件。

这些都是长远目标。健康成长的婴儿和孩童并不会为了长远目标或者遥远的将来而生活，他们正忙着享受现在的生活，自发地活在当下。他们正在生活，而非为生活准备。他们是如何做到只是自发地生活，追求享受当前的活动，却能一步一步向前发展的呢？也就是，如何能够健康成长？如何能真正地发现自我？我们是如何协调这种存在状态和发展状态的呢？成长不是单纯的目标，也不是自我实现，更不是自我发现。对于孩子来说，成长并不是刻意为之，而是一件自然而然发生的事情。与其说儿童在主动探索，不如说他们只是在发现。适用于匮乏性动机和目的性应对的规则对于成长、自发性和创造性而言，并不适用。

纯粹的存在心理学的危险在于它偏向静态，无法解释运动、方向和成长的实情。我们倾向于将存在和自我实现描述为一种涅槃一般的完美状态。一旦你达到了这种状态，你就会留在那种状态中，似乎你能做的一切就是在这种完美状态中心满意足。

让我感到满意的答案其实很简单，也就是，当下一步比前一步让人在主观上更加愉悦、高兴，并带来内在的满足感，那么成长就发生了。唯一能让我们知道什么对我们来说是正确的方法就是主观感觉比其他任何选择都好。新的体验可以证实自身，无须通过外界标准评判，它是自我辩护、自我证明的。

我们这样做的原因不在于它对我们有好处，心理学家赞成，他人的意见、它对生命长度或人类这一物种的益处，也不在于它是否会带来外部回报或者它自身的逻辑性。我们这样做的原因就像是选择了一道甜品而不选另一道一样。我已经把它描述为相爱或择友的基本机制，即亲吻这个人比亲吻另一个人更让人快乐，与 a 交友比与 b 交友在主观上更让人满足。

通过这种方式，我们知道我们擅长什么，我们真正喜欢或不喜欢什么，我们的品味、判断和能力是什么。总而言之，这就是我们发现自我并回答"我是谁？我是谁的什么？"这个终极问题的方式。

进步和选择是由自主决定的由内而外的行为。健康的婴儿或是孩童，处在其生命存在的初期，这是他生命的一部分。他所产生的好奇、探索、疑惑和兴趣都是随心所欲的自发行为。此时的他没有目的，不懂迎合，不会表达，所做的一切处于自发而非被任何普遍的匮乏性需要驱动，他也会尝试使用自己的能力，去接触、专注、着迷、好奇并操控这个世界。探索、操纵、体验、感兴趣、选择、高兴、享受，都可看作纯粹存在的特性，虽然这是以一种偶然的、没有计划和预期的行为。他们的创造性经验可以并且已经发生了，其中并不掺杂预期、计划、预见、目的或者目标这些因素。[①] 只有当孩子满足了自己，感到厌倦了，他才会转向其他乐趣，也许是"更高级"的快乐。

这样就一定会提出这些问题：是什么让他退缩？是什么阻碍他的成长？会在哪里出现冲突？除了向前发展成长有什么其他选择？为何向前成长对于有一些人如此艰难痛苦？在这里，我们必须更加充分地认识到未能满足的匮乏性需要所具有的固着力、后退力，以及安全和保障对其的吸引力，针对痛苦、恐惧、失败和威胁的防御和保护机能以及成长所需的勇气。

每个人身上都有两组力量。一组是由恐惧带来的对安全和防御的依赖。这组力量是趋向退缩的，它依赖于过去，害怕脱离与母亲子宫和乳房的原始交融，害怕冒险，害怕危及自己已有的东西，害怕独立、自由和分离。另一种力量则是推动他去实现自我的完整性和唯一性，让他去充分发挥自己所有的能力，自信地面对外部世界，并且可以让他接受他最深处的真实且无意识的自我。

---

① 　但矛盾的是，艺术体验不能有效地用于这个或其他目的。根据我们对"目的"的理解而言，它必须是一种没有目的的活动。它只能是一种存在的体验，作为一个有机体去做它必须做的和它被赋予特权做的事情，即敏锐而完整地体验生活，消耗精力，以自己的方式创造美。而其中增长的敏感性、完整性、效率和幸福感都是副产品。"（威尔逊《人性与审美成长》，213 页）

上述内容可以用一个图式来表示，虽然简单，但有着很强的启发性和理论性。防御力量和增长趋势之间存在这种基本的困境或冲突，无论是现在还是未来，他们都会存在于人类本性的最深处。可用下图表示：

安全 ——————< 个人 >——————→ 成长

然后我们就可以很容易地将各种生长机制简单地做出如下分类：

a. 增强成长方向的矢量，例如，使成长更具吸引力并产生更多快乐；

b. 将成长的恐惧降到最低；

c. 将安全方向的矢量最小化，也就是削弱其吸引力；

d. 将对于安全、防御、病态和后退的恐惧最大化。

那么，我们就可以在图式中添加这样四组效价：

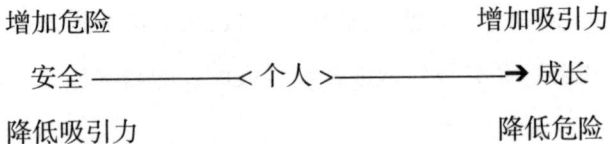

增加危险   增加吸引力
安全 ——————< 个人 >——————→ 成长
降低吸引力   降低危险

因此，我们可将健康成长的过程视为一个永无止境的自由选择情景的系列，必须在安全与成长、依赖与独立、退步与进步、不成熟与成熟之间做出选择。安全既让人担忧，也让人愉悦，成长也是如此。当成长的愉悦和对安全的担忧大于成长带来的担忧和安全的愉悦时，我们才会成长。

以上这些听起来都像是老生常谈，但是对于那些追求客观、公开和行动主义的心理学家，却并非如此。他们做过多次动物实验并用大量理论推演，才让研究动物动机的学生相信为了解释目前得出的自由选择实验结果，除了考虑减少需要外，必须借助于P.T.杨所说的快乐因素。例如，糖精在任何情况下都不能减少需要，但是小白鼠还是会选择糖精而不是白开水。这样的实验结果一定是与糖精（无用的）味道有关。

另外，我们可以将这种体验中的主观愉悦归因于任何有机体本身，例如无论婴儿还是成人，动物还是人类都适用。

对于理论学家而言，这种展现在我们面前的可能性是极具吸引力的。或许，所有诸如自我、成长、自我实现和心理健康的这些高级概念，都可以纳入相同的体系中，用来解释动物的进食偏好实验、婴儿喂养和职业选择的自由选择观察，以及对稳态的丰富研究。

当然，"通过快乐来成长"这一公式也必然让我们做出如下假设：那些让我们体验良好的东西，对于我们的成长也是"更好的"。我们相信，如果自由选择是真正自由的，如果选择者不会太过延误或惧怕选择，他通常会朝着健康和成长的方向明智地作出选择。

对于这一假设，已经得到了有很多实验验证，但主要局限在动物层面上，还是有必要更详细地研究人类的自由选择。在本质层面和心理动力学层面上，我们必须比现在更多地了解是什么原因造成了错误和不明智的选择。

还有一个原因让我系统化地研究"通过快乐来成长"这一思想。我发现它可以与动态理论很好地结合在一起，无论是弗洛伊德、阿德勒、荣格、沙赫特尔、霍妮、弗洛姆、伯罗、赖希、兰克的动态理论，还是罗杰斯、布勒、库姆斯、安吉亚尔、奥尔波特、戈德斯坦、默里、莫斯塔卡斯、波尔斯、布根塔尔、阿萨鸠里、弗兰克尔、朱拉德、梅、怀特等人的理论皆是如此。

我批判那些传统的弗洛伊德主义者，因为他们（在极端情况下）讲一切归咎于病态。他们并没有清晰地认识到人朝着健康的方向发展的可能性。他们看待一切的时候都带有一种悲观的成见。但是，（在极端情况下）成长学派也同样存在相应的弱点，因为他们在看待事情时容易趋于乐观，总在回避病态、弱点和成长失败这些可能性。这两个学派，一个像是只有邪恶和罪孽的神论，另一个则像是没有任何邪恶的神论，二者都是不正确也不现实的。

安全和成长之间还有另一种关系必须提及。显然，向前成长通常都是步幅很小的渐进发展。迈出每一步之前都需要先让人先感到安全，感到自己就像是从安全的港湾驶向未知的地方，感到虽然冒险但有路可退。我们可以用蹒跚学步的孩子离开母亲的庇护去探索陌生的环境作为一个案例。比较典型的情况下，孩子会先紧紧抓着母亲，然后观察这个房间。然后，他鼓起勇气稍稍离开母亲，同时不断安慰自己母亲的保护还在那里。慢慢地，他离母亲越来越远。通过这种方式，孩子可以探索那充满危机与未知的世界。如果突然母亲消失了，孩子就可能会焦虑，可能会停止继续探索世界的兴趣，可能会渴望重新获得那份安全感，甚至可能会失去其能力，例如不敢走路，只敢爬行。

我们完全可以对这个例子加以总结。在安全得到保证后，会出现更高级的需要和冲动来逐渐发展直至占据支配地位。危及安全，意味着倒退到更基本的层面。这就意味着在安全和成长必须放弃一样时，往往人们都会选择安全。安全需要比成长需要更有优势。这是对基本公式的一种延伸。总体上，只有感到安全的孩子才敢于健康成长，所以必须先满足他的安全需要。不能推着他向前走，因为没有得到满足的安全需要将永远埋在那里，永远在索求满足。安全需要得到的满足越多，对孩子的效价就越小，安全需要对孩子吸引力和对其胆量的削减也就越小。

那么，我们要怎么才能知道儿童什么时候会感到足够安全，敢于选择新的一步呢？其实究其根本，唯一的方法就是看他如何做选择，也就是说，召唤他前进的力量超过召唤他后退的力量，并且勇气能压倒畏惧的这个确切时刻只有他自己知道。

最终，一个人，哪怕是儿童，都必须为自己选择。别人不能经常替他选择，因为这样做会使他变得软弱，失去自信，扰乱他在经验中察觉自己的内在快乐、自己的冲动、判断和感觉及区分自己和他人的内化标准的能力。①

如果真的如此，儿童最终必须自己作出选择，他将依靠自己

① 从包裹拿到手里的那一刻起，他就觉得可以自由地用它做他想做的事情。他打开它，思索它是什么，辨认它是什么，表达快乐或失望，注意里面物品的排列。他从里面找到一本指南书，摸起来硬邦邦的，他还触摸到不同重量的零件，感受他们的数量，等等。这些都是在他尝试用这套零件去拼装一个物品之前就已经做了的事。然后，他忽然有了想要用它们做成某物的冲动。可能这只是简单地把一个零件和另一个组装起来。那么，他就有了完成制作的感觉：感到自己能制作某物，也感到对于这件物品他没有任何无助的情绪。无论后面的零件是什么样的，无论他是否还有兴趣把整套零件都用完来获得更强的完成感，又或者他想把这些全都丢掉，他与这套零件最初的接触都是有意义的。

主动体验的结果可以大致概括为：主动体验包含身体、情感和智力的自我参与；对个人能力的认识和进一步探索；开始发挥能动性和创造性；找到属于自己的节奏和韵律以及在特定时间中一个人完成任务的能力，包括避免承担太多任务；一个人所获得的技能可以应用到其他的事业中，而且每次一个人积极参与某件事，不管多小，都有机会发现自己越来越感兴趣的东西。

上述情况可以与下面这个情况做个对比：一个人带回一套拼装玩具回家，并跟孩子说"这有一套拼装玩具，我帮你打开"。打开后，他指着里面的物品一一介绍指南书和不同零件等等。除此之外，他开始着手组装其中一个复杂的模型，比方说，一台起重机。孩子可能对他所看到的事情很感兴趣，但是让我们把注意力集中在真正发生的事情的一个方面。孩子没有机会自己参与，他的身体、智力和情感都没有参与其中；他没有机会与这件对他来说是新事物的组件产生联系，也没有机会了解自身能力和兴趣方向。代替孩子组装起重机可能会带来另一种影响。这可能给孩子留下了一个隐含的要求，要求他在没有机会为任何如此复杂的任务做准备的情况下也做同样的事情。这样一来，结果就形成了目的，代替了包含在目标实现过程中的体验。并且，无论他后来自己做什么，与别人为他做的相比，都显得特别微不足道，平凡无奇。他并没有获得任何为下次应对新事物的经验。换句话说，他不是从内部成长的，而是从外部叠加了一些东西……每一点主动体验都是一个机会，让他发现自己喜欢什么或不喜欢什么，以及越来越多地发现他想要从自己身上得到什么。这是他走向成熟和自我指导阶段的重要组成部分。（楚格《个人自我概念的增长》，179页）

的成长，因为只有他自己了解自身主观快乐体验，那么，我们该如何协调对内在个体的信任和对环境的帮助这两种终极需要呢？因为他确实需要帮助。如果没有帮助，他会害怕得不敢去做。我们怎样才能帮助他成长呢？同样重要的是，我们怎样做会危害他的成长？

　　对于儿童，主观快乐体验（信任自己）的对立面是他人的意见（爱、尊重、赞同、赞赏、他人的奖赏、信任别人而非自己）。因为他人对无助的婴儿和孩童至关重要，婴儿和孩童最担心的就是失去他们（因为他人能为之提供安全、食物、爱、尊重等等）。失去他人就是婴儿和孩童最主要也是最可怕的危险。因此，当孩子在自己的快乐体验和他人的认可之间面临艰难选择时，一般必须选择他人的认可，然后压抑自己的快乐，让它消失，要么不注意它，要么用意志控制。总之，这样做的话，会让儿童不认可自己的快乐体验，感到羞愧、难堪，想要加以掩饰，最终失去体验快乐的能力。①

　　最根本的选择，或者说道路的岔路口，是在别人和自己之间作出选择。如果坚持自我的唯一方式是失去他人，那么儿童一般

---

① "人怎么可能会丧失自我呢？这种不为人知、不可思议的背叛，始于我们童年时秘密的心灵死亡。也就是，这会发生在我们得不到他人的爱且被剥夺了自发的愿望的情况下。（试想一下：如此，我们还剩下什么呢？）但是，请等一下，这其实这并不是简单的精神谋杀，年幼的受害者甚至可能在成长中任由其发展。精神谋杀可以直接将自我抹杀，但受害者也会在不知不觉中逐渐参与其中，不接受真实的他。"人们'爱'他，却希望、强迫或期待他有所不同！因此，他一定不被接受。他自己也学着相信这一点，最后甚至认为这是理所当然的。他真正放弃了自己。现在，不管他是顺从、依恋、反抗，还是离开他的行为，他的表现全都是这种情况的说明。他的重心放在'他人'身上，而不是自己身上，就算他自己注意到这一点，也会认为这很自然。这一切看似非常合理，一切都是无形的、自动的、匿名的！"

　　"这是一个完美的悖论。一切看起来正常；没有故意实施的犯罪，没有尸体也没有内疚。我们能看到的只是太阳依旧升起又落下。不会注意到到底发生了什么。他的自我不仅被他人抛弃，也被自己抛弃（实际上，他现在丧失了自我）。那他到底失去了什么呢？他失去的其实是他真实且重要的一部分：他失去了对自己的肯定，而这种肯定感正是他赖以成长的能力和根基。但是，悲哀的是他并没有死亡，'生活'还在继续，他也必须继续。从放弃自我的那一刻直到现在，他完全在不知不觉中开始创造并维持了一个虚假的自我。但是，这不过是一种权宜之计，因为这种虚假的自我是没有自发的渴望的'自我'。自我应在他受鄙视（感到恐惧）时被爱护，在他软弱时变坚强；自我是为了生存而非为了消遣或乐趣而运动（尽管动作很滑稽）；不是因为他想动，而是因为他必须服从。这种需要不是他的生活，而是一种面对死亡的防御机制，同时也是死亡机器。从现在起，他将被强迫地（无意识的）需要撕裂，或被（无意识的）冲突压垮，陷入瘫痪，每一个动作和每一个瞬间都在抵消他的存在和他的完整性；而他却一直伪装成一个正常人，并且期望自己表现得像个正常人！"。

　　"总之，我发现，我们在寻求或防护虚假自我和自我体系时会变得神经病态；在失去自我时，就是神经病态。"（引自卡伦·霍妮为《寻找真实的自己》所作的序言，第3页）

会放弃自我。确实如此，原因在上文已经提及：对于儿童，最基本且占主导的需要就是安全，比独立和自我实现重要得多。如果成人强迫儿童在失去一个（较低级但较强烈）重要需要和另一个（较高级但较微弱）重要需要之间做出选择，他一定会选择安全，甚至是为此放弃自我和成长。

（原则上，没有必要强迫儿童做这样的选择。人们却经常因为自己的病态和无知这么做。我们知道这是不必要的，因为我们有足够的例子让孩子们同时得到所有这些东西，而且不需要付出重大的代价，他们也可以得到安全、爱和尊重。）

在这里，我们可以从治疗情境、创造性教育情境、创造性艺术教育以及我相信创造性舞蹈教育中吸取重要的教训。如果创设情境氛围是自由的、赞赏的、赞扬的、认可的、安全的、愉快的、安抚的、支持的、没有威胁的、不评判的、不比较的，也就是说，这个人可以感到完全的安全和不受威胁，他便可能表现出各种细微的快乐情绪，例如，敌意和神经质的依赖等。一旦这些情感得到了充分的宣泄，他就会自发地去追求其他在外人看来"更高级"或转向成长的其他快乐，如爱、创造性等。在经历过两种快乐后，他会更喜欢第二种。（治疗师、老师、帮助者等所持的外显理论通常没有什么区别。真正优秀的治疗师可能信奉悲观的弗洛伊德理论，但在表现上却好似认同相信成长的可能性。真正优秀的老师在口头上描绘着人性的美好和乐观，在教学中却默默理解并尊重后退和防御力量。当然，这些非常现实和全面的道理也很有可能在实践、治疗或教学、父母的培养上行不通。只有尊重恐惧和防御的人才能教书；只有尊重健康的人才能去治疗他人。）

在这种情况下的部分悖论是，实际上，即使是"坏的"选择，对神经质的选择者来说也是"好的"，或者至少是可以理解的，甚至对他自己的动力而言是必要的。我们知道，通过武力，或过于直接的对抗或解释，或通过压力环境来打破人们对过于痛苦的洞见的防御，可以彻底粉碎一个人。这就涉及成长节奏的问题。优秀的父母、治疗师和教育者的实践又一次让人刮目相看。他们似乎可以理解，若要使成长看上去不像洪水猛兽，而是令人愉悦的前景，那么亲切、温和、尊重恐惧、理解防御力量和后退力量的天然性等都十分必要。他暗示说，他明白增长只能来自安全。他认为，如果一个人的防御非常严格，这是有充分理由的，即使知道孩子"应该"走的路，他也愿意付出耐心和体谅。

从动态的角度来看，只要我们赋予两种智慧——防御智慧和成长智慧，所有的选择最终都是明智的。（详见第十二章对第三种"智慧"，即健康的退行的讨论。）防御可以和冒险一样明智，这取决于特定的人，他的特定地位和他必须选择的特定情况。如果选择安全可以避开超出个人难以承受的痛苦，那么这就是个明智之举。如果我们想帮他成长（因为我们知道，如果他永远都只选择安全，那么就会有危险。这会剥夺他本可以享受到的成长的各种滋味），那么我们能做的一切就是在他寻求帮助时，带他脱离痛苦，或者是让他感到安全，但同时示意他继续尝试新的体验，就像是母亲放开双手鼓励婴儿自己走路一样。我们不能强迫他成长，我们只能哄他成长，让他更有可能成长，相信只要体验新的经历就会让他更喜欢成长。只有他能更喜欢成长，别人不能代替他喜欢。若成长注定成为他的一部分，则他必须喜欢它。如果他不喜欢，我们必须和善地让步，承认时候未到。这意味着，就生长过程而言，生病的孩子和健康的孩子必须受到一样的尊重。只有当他的恐惧得到尊重和接纳，他才敢大胆。我们必须明白黑暗力量和成长力量一样是"正常的"。

这是一项棘手的任务，因为它同时意味着我们知道什么对他是最好的（因为我们确实在向他所选择的方向招手），而且从长远来看，只有他知道什么对他自己是最好的。这还意味着，我们应该给他建议，而非强迫他。我们必须做好充分的准备，不仅指引他前进，也要尊重他退回来舔舐伤口、恢复体力、在他觉得足够安全的地方审时度势，甚至当他后退到之前由"低级"快乐主导的状态时，也要予以尊重。这样，他才能重拾成长的勇气。

此时，帮助者再次发挥了作用。他不仅帮助健康的儿童成长（在儿童需要时一直在侧），其他时候退到一边。但在紧急情况下，会有人陷于固执、严格防御和安全措施中，失去成长的可能，这就迫切地需要他施以援手。神经官能症具有自我延续的倾向，性格结构同样如此。我们可以等待生命向这样的人证明他的系统不起作用。或者通过尊重和理解他的匮乏性需要和他的成长需要来理解和帮助他成长。

这就像是对道家"顺其自然"思想的修正，纯粹的"顺其自然"通常不起作用，因为成长中的儿童需要帮助。修正后可以阐释为"有帮助的顺其自然"，这使得道家思想中融入了关爱和尊重。它不仅承认成长和使成长向正确方向前进的具体机制，也承认并尊重成长的恐惧、成长的缓慢步伐、阻碍、病态以及无法成长的原因；它承认外部环境在成长中的地位、必要性及其益处，却不让其占支配地位。它通过了解成长的内在机制，帮助实现内部成长，而非仅仅抱有希望或被动地表示乐观。

以上内容都与我在《动机与人格》中提出的一般动机理论相关，特别是与需要的满足理论相关，我认为满足需要是人类健康发展的最重要的根本原则。这一整体原则将多样的人类动机整合在一起。它总结出这样一种倾向：较低级的需要得以充分满足后，会出现较高级的新需要。有幸能够正常、茁壮成长的儿童会对他充分享受的快乐感到满足和厌倦，他会急切地（没有压力地）去追求更加高级而复杂的快乐，因为现在这些快乐对他们而言没有危险和威胁并且唾手可得。

这一原则不仅可以在孩子更深层次的动机动力方面得到例证，而且还可以在他任何较为适度的活动发展的微观世界中得到例证，例如学习阅读、滑冰、绘画或舞蹈。掌握简单单词的孩子会强烈地享受它们，但不会停留在那里。在适宜的环境中，他自然地表现出对越来越多的生词、较长的单词、复杂的句子等的渴望。如果他被迫停留在简单的层次上，他就会对以前使他快乐的事情感到厌烦和不安。他想要前进，想要移动，想要成长。只有当接下来的一步带来挫折、失败、反对、嘲笑时，他才会故步自封或退步，然后我们会面对复杂的病态变化和神经质损伤。在这种情况下，冲动仍然存在，但没有得到实现，甚至会丧失冲动和能力。[①]

我们最终得到的是一种主观的工具，它将我们各种需要的等级排列原则加到一起，它可以一直引导和指导个人健康成长。这一原则在任何年龄都适用。恢复感知自己快乐的能力是重新发现牺牲了的自我的最好方式，即使是在成年后也是如此。治疗的过程有助于成人发现得到他人认同这种幼稚的（压抑的）需要，不再以幼稚的形式和程度存在，因失去他人带来的恐慌，以及随之而来的虚弱、无助与被抛弃的感觉都不再像童年那样现实或合理。对成年人来说，其他因素可能、也应该不像对孩子那么重要。

---

① 我认为可以将这一普遍原则应用到弗洛伊德的力比多的发展阶段理论（也就是性心理发展阶段理论）中。在口腔期的婴儿，通过口腔得到大部分的快乐。其中一个特别被忽视的就是掌握的快乐。我们应该记住，婴儿唯一能做得好且有效完成的事情就是吮吸。在所有其他方面，婴儿都是低效的，没有能力的。而且，就像我认为的那样，这是自尊（掌控感）最早的形式，那么吮吸的快乐就是婴儿体验掌控感的喜悦（效率、控制、自我表达、意志）的唯一方式。

但很快他发展了其他掌握和控制能力。在这里，我指的不仅是那种在我看来虽然正确，但有些夸大的肛门控制。在所谓的"肛门期"，运动和感觉能力也得到了足够的发展，从而产生喜悦和掌控感。但对我们来说重要的是，口腔期婴儿倾向于发挥完他在口腔期的全部技能，然后他会变得厌烦，就像他厌倦了只能获得乳汁一样。在自由选择的情况下，他会倾向于放弃乳房和乳汁从而去追求更复杂的活动和味道，或想方设法将这些"高级"的发展寄托在乳房上。假如他能得到充分满足、自由的选择、没有威胁，他会逐渐"成长"，离开口腔期并自己放弃口腔活动。他不需要像人们常常暗示的那样被"强迫前进"或者被强迫成熟。他选择寻求更高级的快乐，厌倦旧的快乐。只有在危险、威胁、失败、挫折或压力的影响下，他才会后退或停止成长；只有在这些情况下，他才会选择安全而非成长。当然，克制、延迟满足和承受挫折的能力也是力量的必要条件，而且我们知道不受控制的满足是危险的。然而，对基本需要的充分满足仍然确实是必要条件，相比这一原则，上述限制都是次要的。

在我们最后的程式中有如下因素：

1.健康自发的孩子，在他的自发性中，由内而外，回应他的内在存在，以好奇和兴趣接触环境，并表现出他所拥有的全部技能。

2.只要他不被恐惧所吓倒，只要他感到足够安全，敢于尝试。

3.在这个过程中，那些给他带来快乐体验的事物是偶然遇到的，或者是帮助者给予的。

4.他必须感到足够安全，足够接受自我，能够选择和喜欢这些快乐，而不是被它们吓着。

5.如果他可以选择这些被快乐的体验所证实的体验，那么他就可以回到这种体验，重复它，享受它，直到充满、满足或厌倦。

6.在这一点上，他表现出倾向于继续在同一领域取得更复杂、更丰富的经验和成就（同样，如果他觉得有足够的安全感，可以大胆尝试）。

7.这样的经历不仅意味着继续前进，而且会对自我产生反馈效应，产生一种确定的感觉（"我喜欢这个；我当然不知道"），同时也察觉到能力、掌握、自信、自尊。

8.在生活中包含了一系列永无止境的选择，这些选择大体上可以归纳为选择安全（或者从更广义上来说是防御）还是选择成长，因为只有儿童已经感到安全，我们才可以期待解决了安全需要的儿童作出成长的选择。只有这样他才敢于去闯。

9.为了能够根据自己的本性进行选择并发展它，必须允许孩子保留主观的快乐和厌烦的经验，作为他作出正确选择的标准。

另一个标准是根据他人意愿作出选择。当这种情况发生时，自我就失去了。这也使得儿童只能选择安全这个选项。出于恐惧（担心失去保护、失去爱）会放弃对自己快乐体验标准的信任。

10. 如果选择真的是自由的，而且孩子没有被严重创伤，那么我们可以期望他自然而然地选择向前发展。[①]

11. 证据表明，就旁观者所能感知的长远目标而言，那些使健康的儿童高兴的，对他有益的东西，通常也是对他来说"最好的"。

12. 在这个过程中，环境（父母、治疗师、教师）在很多方面都很重要，即使最终的选择必须由孩子做出：

a. 对安全、归属感、爱和尊重的基本需要，使他感到不受威胁、自主、感兴趣和自发，从而敢于选择未知事物；

b. 外界环境可以使成长选项更有吸引力、降低危险，让后退选项更无吸引力、代价更高。

13. 这样，存在的心理状态和成为状态就能得以协调，而儿童就可以简简单单地做自己，并且向前发展成长。

---

① 当一个人试图说服自己（通过压制、拒绝、形成反应等）一个未满足的基本需要已经得到满足，或者根本不存在时，一种虚假的成长就会发生。然后，他允许自己成长到基于更高层次需要的水平之上。当然，这样做的话，他的成长就会停留在一个不稳固的基础上。我将它称为"绕过未满足需要的伪成长"。这种未满足的需要会成为一种无意识的力量一直持续存在（并强迫性地重复）。

第五章　认知需要和认知恐惧

恐惧知识、逃避知识：认识带来的痛苦和危险

在我们看来，弗洛伊德最伟大的发现是，许多心理疾病的主要成因是害怕了解自己，即害怕了解个人的情绪、冲动、记忆、能力、潜力和命运。我们已经发现，对自我认识的恐惧常常与对外部世界的恐惧同构、平行。也就是说，内在问题和外在问题往往有很深的相似之处，并且相互关联。因此，我们在这里只是总体上讨论对知识的恐惧，而不去细分内心的恐惧和外在的恐惧。

一般来说，这种恐惧是防御性的，因为它保护了我们的自尊，保护了我们对自己的爱和尊重。我们倾向于害怕任何可能使我们轻视自己或使我们感到自卑、软弱、无用、邪恶和羞耻的知识。我们通过压抑和与之类似的防御保护自己和理想中的自我形象。这种做法实际上是我们避免知道不愉快或危险事实的一种技巧。在心理治疗中，我们继续采取回避了解痛苦的真相的策略。这种治疗师想要帮助我们看清真相，而我们却对其努力抗争，这种策略被称为"抵抗"。治疗师的所有技巧都是为了在某种程度上揭示真相，或者是增强病人的能力，让他能够承受真相。（"对自己完全诚实是一个人能作出的最大努力。"——弗洛伊德）

但还有另一种真相也让我们趋于逃避。我们不仅对自己的精神病态讳疾忌医，而且还倾向于逃避个人成长，因为这种真相会带来另一种恐惧、畏惧、软弱和不足的感觉。所以，我们发现另一种抵抗：否认自己最优秀的一面，对我们最好的一面，我们的才能，我们最好的冲动，我们最高的潜力，我们的创造性加以否认。总之，这是在反对我们自身的伟大，畏惧自大。

这里，我们联想到在亚当与夏娃的神话故事中，有一棵危险的知识之树，禁止触摸。很多其他文化中都有相似的概念，即终极奥义只能归神明所有。

大多数宗教藏有一丝反智主义的思路（当然，还有其他暗藏的思路）。有一些宗教片面追求信仰、教义和虔诚而不追求知识，或者它们会感觉某些形式的知识太过危险，不宜接触，最好加以禁止或仅供少数特殊人物掌握。在大多数文化中，那些胆敢找出神明秘密且对其公然反抗的革命分子都受到了严惩，例如，亚当和夏娃，普罗米修斯和俄狄浦斯。而且，这会警戒他人，不要企图成为神明一样的人。

其实，如果让我说得更精简一些，也就是我们内心中神性的一面让自己感到矛盾，这种矛盾体现为既着迷又恐惧，既想要追求又加以防备。这是人类基本困境的一个方面，我们既像蝼蚁般微不足道，又像神明般至高无上。我们的每一个伟大的创造者、每个神一样的人都已证实，在长期的创造、确认新事物（与旧事物相对）的孤独时刻。这是一种勇敢，一种独当一面，一种反抗，一种挑战。惊恐的时刻是可以理解的，但必须克服才能去创造。

因此，发现自身伟大天赋自然令人兴奋，但也会带来对危险的恐惧，以及对作为领导者和独自一人的责任和义务的恐惧。人们会把责任视为一种沉重的负担，并尽可能地想逃避责任。可以想象一下当选总统的人描述的那种混杂着敬畏、谦卑甚至恐惧的复杂感受。

一些标准的临床案例可以教会我们很多。首先是女性治疗中相当常见的现象。许多才华横溢的女性都陷入了这样一个问题：下意识地把智慧和男子气概区分开来。她可能认为探究、调查、好奇、证实、发现等都是非女性化行为，特别是在她男子气概不稳定的丈夫因此受到威胁时尤为突出。许多文化和宗教都阻止女性学习并掌握知识，我认为其原因之一是希望保持她们"女性化"（在施虐——受虐的意义上）。例如，女性不能做牧师或拉比。

胆小的男人也可能倾向于认为刨根问底的好奇心是对他人的某种挑战。似乎通过成为聪明的人和找出真相就能使他成为自信勇敢、获得男子气概。这样会招致其他更年长、更强的人的愤怒。同样，孩子们也会认为好奇的探究侵犯了他们的"神"，也就是无所不能的成年人的特权。当然，这种互补态度在成人身上更为常见。成人经常认为孩子躁动的好奇心令人厌烦，有时甚至造成威胁或危险，特别是涉及性的问题。赞同并欣赏孩子好奇心的父母仍然很罕见。在被剥削的人、受压迫的人、弱势的少数人或奴隶身上也可以看到类似的现象。他可能害怕知道太多，害怕自由探索。因为这可能会惹怒统治他们的人。在这些群体中，假装愚蠢的防御态度很常见。在任何情况下，剥削者或暴君都不太可能鼓励受压迫的人的好奇心、学习和获得知识。知道太多的人可能会造反。被剥削者和剥削者被迫承认知识与适应性良好的优秀奴隶不相容。在这种情况下，知识是危险的，而且非常危险。弱小、从属和低自尊的状态抑制了认知需要。为了确立统治地位，猴王会肆无忌惮、目不转睛地直接凝视其他猴子；而处于臣服地位的猴子则低眉顺眼、避开猴王的目光。

不幸的是，这样的动机，有时甚至可以在课堂上看到。真正聪明的学生、热切的发问者、探索者，尤其是如果他比他的老师聪明的话，往往被视为"自作聪明的人"，是对纪律的威胁，是对老师权威的挑战。

这种"认知"在潜意识中可能意味着支配、征服、控制，甚至蔑视。在窥淫癖患者身上就有所表现。窥淫癖患者对所窥视的裸体女性有种掌控感，好像他的双眼就可以用来强奸被偷窥者。大多数男人都是偷窥狂，大胆地盯着女人看，用眼睛把她们的衣服脱下来。圣经中对"认知"一词的使用与性的"认知"相同，这是隐喻的另一种用法。

在无意识的水平上，认知其实等同于侵入、刺入，就像是男性的性等价物，可以帮助我们理解古老而复杂的矛盾情绪，可能会围绕儿童窥视秘密、探索未知，某些妇女的大胆认识和女性的矛盾心理，受压迫者认为认知是统治者的特权，信仰宗教的人惧怕认知，认为这是对神明权力的冒犯，认为这非常危险且会引起怨恨。认知，和经历一样，可能是自我肯定的一种行动。认识和"发生性关系"一样，可能是一种自我肯定的行为。

减少焦虑和促进成长的知识

目前，我还一直在从认知本身、知识和了解本身带来的纯粹快乐和原始满足感的角度谈论认知的需要。认知使人变得更大、更聪明、更富有、更强大、更有发展、更成熟。它代表了人类潜能的实现，人类潜能所预示的人类命运的实现。就好像花朵无忧无虑地开放，鸟儿无忧无虑地歌唱，苹果树结出苹果，不用奋斗、无须努力，只是内在本性的表达。

但我们也知道，好奇心和探索是比安全更高的需要，也就是说，感到安全、安心、不焦虑、不害怕的需要比好奇心更重要、更强大。这在猴子和人类儿童身上都可以直观观察到。在一个陌生的环境里，典型的情况下，年幼的孩子抓着母亲不放手，然后一点一点放开母亲的腿，鼓足勇气去探索事物。如果母亲消失了，他感到害怕，好奇心就会消失，直到重新感到安全。他只在有安全的退路时去冒险。哈洛做实验时的小猴子也是如此。任何让它们害怕的事情都会让它们逃回猴妈妈那里，紧紧依靠。它会先四下观察，然后才冒险移动。如果代母猴不在，小猴子就只是蜷缩在那，低声呜咽。哈洛拍摄的动态影像非常清晰地展示了这一点。

成年的人要微妙得多，隐藏着他的焦虑和恐惧。如果它们不能完全压倒他，他就很容易压制它们，甚至对自己否认它们的存在。他常常"不知道"自己在害怕。

有很多方法可以应对这种焦虑，其中一些是认知方法。对这样的人来说，一切陌生的、隐隐约约的、神秘的、隐藏的、意外的，都是容易造成威胁的事物。将其变成熟悉的、可预料的、易处理的、可控制的，即不可怕的、无害的方法之一是认识并理解它们。所以知识可能不仅具有成长的功能，而且还具有减少焦虑的功能，也是一种保护性的自我平衡功能。外在行为可能非常相似，但动机可能非常不同。主观的结果也非常不同。一方面，我们感到松了一口气，放松了紧张的感觉，比如说，一个忧心忡忡的房主在半夜拿着枪在楼下探索一个神秘而可怕的声音，当他发现什么都不是的时候就会长舒一口。这不同于年轻学生透过显微镜第一次观察到肾的微观结构，或者顿悟了交响乐的结构，或者懂得了复杂诗歌或政治理论的含义时的恍然大悟、兴奋甚至狂喜。在后面这几种情景下，人会感到自己更强大、更聪明、更充实、更有能力、更成功、更有洞察力。假设我们的感觉器官变得更有效率，我们的眼睛突然变得更敏锐，我们的耳朵可以不休息地工作。这就是我们的感受。这在教育和心理治疗中都可能发生——而且确实经常发生。

这种动机的辩证法可以在最大的人类画卷、伟大的哲学、宗教结构、政治和法律制度、各种科学，甚至整个文化中看到。简单地说，它们可以同时代表理解需要和安全需要的结果在不同的比例上。有时，安全需要几乎可以完全让认知需要屈服，从而达到减轻焦虑的目的。无焦虑的人可以更大胆，更勇敢，可以为了知识本身而探索和推理。当然，我们有理由认为后者更有可能接近真理，接近事物的真实本质。安全的哲学、宗教或科学比成长的哲学、宗教或科学更容易盲目。

回避知识与回避责任

焦虑和胆怯不仅会使好奇、认知和理解达到自己的目的，可以说是把它们作为缓解焦虑的工具加以利用。而且好奇心的缺乏也可能是焦虑和恐惧的一种主动或被动的表现。（这与因不被使用而导致的好奇心萎缩不同。）也就是说，我们可以通过寻求知识来减少焦虑，我们也可以通过回避知识来减少焦虑。用弗洛伊德的话来讲，不好奇、学习困难、假装的愚蠢这些都可能是一种防御。大家都认同知识和行动是紧密联系在一起的这一点。我的想法更进一步，我认为知识和行动时常是同义的甚至与苏格拉底的方式相同。在我们完全了解的地方，合适的行动会自动地、反射性地跟随。选择是不带冲突的，完全是自发的。

我们在健康的人身上看到了高水平的这种能力，他们似乎知道什么是对的，什么是错的，什么是好的，什么是坏的，这在他们轻松、全面的运作中表现出来。然而这点在小孩子（或内心仍是个儿童的成人）身上又有完全不同层次的表现。对他们而言，思考一个行动就像是已经采取了一种行动一样，心理分析学家称为"思想万能"。也就是说，如果他希望他的父亲死，他可能会无意识地反应出好像他真地杀了他父亲一样。事实上，成人心理治疗的一个功能就是消除这种幼稚的同一性，这样人们就不会因为幼稚的想法而感到内疚，就好像他们已经做了一样。

无论如何，认知与行动之间的这种密切关系可以帮助我们把害怕认知的原因理解为害怕行动，害怕因认知而产生的后果，害怕承担危险的责任。通常最好是不知道，因为如果你知道，那么你就不得不采取行动，冒着风险。这有点复杂，有点像那个人说："我很高兴我不喜欢牡蛎。因为如果我喜欢，就得吃它，但是我厌恶这种讨厌的东西。"

对住在达豪集中营附近的德国人来说，不知道发生了什么事，装出一副盲目和愚蠢的样子，当然更安全。因为如果他们知道了，他们要么必须做点什么，要么就会为自己是胆小鬼而感到内疚。

孩子们也会玩同样的把戏，否认、拒绝去看对其他人来说显而易见的事情：他的父亲是个可鄙的懦夫，或者他的母亲不是真的爱他。因为这种认知要求的行动不可能实现，还是最好不要知道。

无论如何，我们现在已经对焦虑和认知有了足够的了解，足以驳斥许多哲学家和心理学理论家几个世纪以来所持的极端立场，即所有的认知需要都是由焦虑引发的，只是减轻焦虑的努力。多年来，这似乎是合理的，但现在我们的动物和儿童实验在其纯粹形式上与这一理论相矛盾，因为它们都表明，一般来说，焦虑扼杀了好奇心和探索，而这两者是互不相容的，尤其是在焦虑达到极端的时候。认知需要在安全、无忧虑的情境中有最明显的体现。

有本书对这一点进行了很好的概括：

信仰体系的美妙之处在于，它似乎是为了同时服务于两个主人而构建的：尽可能地理解这个世界，并在必要时防御它。有些人认为，人们会选择性地扭曲自己的认知功能，以便只看到、记住和想他们想要的东西，我们不同意这种观点。相反，我们坚持这样的观点，人们只会在他们万不得已时这样做，这并不是常态。因为所有人都被时强时弱的愿望所激励，按照现实的实际情况去认识真正的现实，即便真相会使人受伤。

总结

显然，如果我们的理解得当，认知需要一定与认知恐惧、忧虑、安全需要等结合在一起。最后，我们总结得出的结论是：两者是辩证关系，既相互交融，同时又相互斗争。所有那些增加恐惧的心理和社会因素都会抑制我们想要知道的冲动。因此，所有允许勇气、自由和大胆的因素也将解放我们对知识的需要。

第三编

成长与认知

Toward a Psychology of Being

第六章　高峰体验中的存在性认知

本章和下一章中的这些结论是在我与约 80 人谈话以及让 190 名大学生依据下述引导语做出书面后的粗略概括，或凭印象制成的理想化的"合成照片"。

"请你回忆一下生命中最奇妙的经历，最快乐、最狂喜、最入迷的时刻。这可能是恋爱带来的，可能是因为听音乐，或者突然为某本书、某幅画所'震撼'，也可能是因为某个伟大的创造性时刻。请先列举，然后试着告诉我，在这些感觉强烈的时刻你感觉如何？与其他时候的感觉有何不同？在这种时刻，在某些方面你是怎样完全不同的人？"（针对其他调查对象的问题是：世界看来有何不同？）

没有一个受试者报告了完整的症状。我把所有的部分反应加在一起，形成了一个"完美的"符合的综合症状。此外，大约有 50 人在阅读了我之前发表的论文后主动给我写信，向我报告高峰体验。最后，我回顾了大量的关于神秘主义、宗教艺术、创造力、爱、等方面的文献。

自我实现者，也就是已经达到成熟、健康和自我实现高度的人，教给我们的东西太多了，以至于有时他们看起来几乎像是另一种人类。但是，探索人的本性的高度及其终极可能性和抱负是一项全新的任务，所以会相当困难复杂。对我来说，它包括了对珍视的公理的不断破坏，对看似自相矛盾、矛盾和模糊的无休止的应对，偶尔还要面对长期以来坚信不疑、貌似不容置疑的心理学定律的崩溃。结果常常证实这些根本不是定律，而是在慢性轻微病态心理和恐惧状态下，以及发育不全、残缺、不成熟的情况下养成的习惯，因为多数人有同样的病症而未引起我们的注意。

最常见的是，在科学理论化的历史上，这种对未知的探索首先表现为一种不满，一种在任何科学的解决方案出现之前就对所缺失的东西感到不安。

例如，我在研究自我实现的人时遇到的第一个问题是，我模糊地认识到，自我实现者的动机生活在某些重要方面与我所了解的完全不同。我最初把它描述为"表现"而不是"应对"，但这并不是一个完全正确的表述。然后我指出，这是一种非激励的或超激励的（超越奋斗的），而非受到激励的，但这一说法严重依赖于个人对动机理论的认同，它带来的麻烦和帮助一样多。在第三章，我对比了成长动机和匮乏性动机，这是有帮助的，但还不够明确，因为它还不能充分区分存在和形成。在本章中，我将提出一种新思路（针对存在心理学），它包含和概括了我已做出的三次尝试。我会用文字说明充分发展的人和其他多数人在动机生活和认知生活方面存在的不同。

对存在状态（暂时的、超激励的、非奋斗的、不以自我为中心的、无目的的、自我证实的、目标性体验、完美状态和目标达到状态）的分析首先是对自我实现的人的爱情关系的研究，然后是对其他人的爱情关系的研究，最后是对神学、美学和哲学文献的研究。对两种类型的爱（匮乏爱和存在爱）的区分是首要任务，这一点在第三章中已经描述过。

在存在爱（对其他人或物的存在）的状态下，我发现了一种特殊的认知。我的心理学知识并没有为这种认知作好准备，但后来我看到一些美学、宗教和哲学的作家对这种认知做了很好的描述。我把这叫作存在认识。这与由个体匮乏性需要而形成的认知形成对比，我将称之为匮乏性认知。存在爱者能从所爱对象身上发觉其他人视而不见的事实，换言之，存在爱者的认知力更敏感、更深刻。

本章将以一种独特的描述方式概括描述存在爱体验。即父母的育儿体验、神秘体验、海洋的或自然的体验、审美认知、创造性时刻、领悟疗法、自知与洞察、性高潮体验、完成特定运动等发生时的一些基本认知事件。我将这些及其他终极快乐与实现的时刻称为高峰体验。

高峰体验中的存在性认知这一主题也将作为一章出现在未来对"积极心理学"或"正向心理学"的研究中。因为其针对的是全面发展的健康人，而不是仅仅局限于通常所说的病人。因此，本章与研究"一般人的精神病理"的心理学并不冲突，本章其实是对它的超越，从理论上更加概括、全面地涵盖了后者的所有发现，涉及病人和健康人，以及匮乏、形成、存在。我将其称为存在心理学，因为它关注的是最终目的而不是方式。也就是说，存在心理学的重点在于目的性体验、目的性价值、目的性认知及作为目的的人。当前的心理学大多研究缺少而非拥有，研究奋斗而非完成，研究挫折而非满足，研究寻找快乐而非已获得的快乐，研究试图到达某处而非已存在那里。这种定义错在认为所有行为都是动机激励的，却被视为普遍认可的先验公理（《动机与人格》第十五章）。

高峰体验中的存在性认知

现在，我要用极其广义的"认识"一词将在一般高峰体验中发现的认知特征逐一扼要地加以概括。

1. 在存在性认知中，经验或客体往往被视为一个整体，一个完整单位。他被认为是对各种联系、可能的用途、便利和目的的超越。它看似就是宇宙的一切和宇宙同义的全部存在。

这与匮乏性认知形成了鲜明对比，匮乏性认知包括大多数人类的认知体验。这些体验是部分的、不完整的，这会在下面描述。

这里让我们想起了 19 世纪的绝对唯心主义，当时整个宇宙被认为是一个整体。由于这种统一性永远不可能被一个有限的个体所概括、感知或认识，所以一切现实的人类认知，必定只是部分存在，永远不可能是其整体。

2. 在出现存在性认知时，知觉对象是唯一且完全被关注到的。这一现象可以称为"全然的关注"，详见沙赫特尔的论著。在这里，我试图描述的现象与迷恋或全神贯注非常相似。在这种关注中，图像占据了全部注意力，实际上，背景已然消失了，或者至少是没有明显地察觉到。此时，似乎图形从所有其他东西中独立出来，就像是世界已经被遗忘，而知觉对象就像是已经成功成为存在的全部。

由于整个存在正在被感知，如果将整个宇宙同时囊括进知觉，那么其所包含的所有规律都会被掌握。

这种知觉与正常的知觉形成了鲜明的对比。在这里，关注对象与其相关的一切都同时受到关注。它被视为与世界上其他事物都产生了联系，是世界的一部分。正常的图形—背景关系是成立的，也就是说，图形和背景两者都被注意到，尽管方式不同。此外，在普通认知中，对象并不作为其本身出现，而是作为一个层级中的一部分或是作为更大类别中的一个实例。我把这种知觉描述为"标签化"（《动机与人格》第十四章）。还需要指出，这种常规知觉并未将人或物的各方面纳入认知，而是为了选择将其放入哪个文件柜的一种分类、归纳和贴标签。

为了能超越我们日常认知，从而达到更高层次，需要让认知作为一个连续统一体。这个统一体包括自动比较、判断或评价，这意味着要高于、少于、多于或大于，等等。

而存在性认知可以被称作"不比较的认知"或者"不判断的认知"。我在此处指的是桃乐茜·李所描述的某些原始民族那种与我们不同的知觉方式。

一个人可以审视他自己，也就是通过内部看他自己。他可以用一种独特、奇异的方式看自己，就好像他是所属类别中唯一的成员。这就是我们所说的对独特个体的感知，当然，这也是所有临床医生试图达到的目标。但是，这是一项非常困难的任务，远远超过我们通常愿意承认的困难程度。然而，这种知觉是能够短暂发生的，而且在高峰体验中，它也是其中的一个典型特征。健康的母亲在感知婴儿时，充满了爱，这就比较接近于对个体的独特知觉。她的婴儿完全不同于世界上的任何其他人，他是那么的了不起、完美令人着迷（至少在这个意义上，她能不按照格塞尔发展常模来评价自己的孩子，也不拿他跟邻居家的孩子做对比）。

对整个对象的具体认知也意味着，要带着"关怀"去看待它。反过来也是一样，"关怀"对象也会引起它的持续注意。这种对知觉对象的反复审视也是十分必要的。母亲一次又一次地注视着她的婴儿，或者情人注视着他的爱人，或者鉴赏家注视着他的画作，这种细心的注视，一定会比平常那种随意地看一眼就贴上标签的认知要更合理，从而产生出一种更完整的知觉。我们可以期待从这种全神贯注、着迷的认知中获得丰富的细节和对物体多方面的认识。这与偶然观察的产物形成对比，后者只给出经验的骨架，只从"重要"和"不重要"的角度有选择地看到对象的某些方面（一幅画、一个婴儿或一个恋人有什么部分是"不重要"的呢）。

3. 诚然，人类所有的认知都是人类的产物，且在某种程度上是人类的创造。但我们仍然可以对"与人类关注相关的外部对象的认知"和"与人类关注无关的外部对象的认知"做出一些区分。自我实现者能够更好地认知世界，好像世界不仅独立于他们，而且也独立于人类整个物种。普通人在人生高峰时刻，也是这样的。这样，他就更容易将自然视作它自身存在，它就在那里，而非为了人类目的而设置的人类的游乐场。他可以更容易地避免在上面投射人类的目的。总而言之，他可以从对象自身存在的（终极性）来审视它，而不是总想着如何使用它或者畏惧它，也不是按照其他以人为中心的方式对待它。

让我们以显微镜为例，它可以通过组织学切片向我们揭示一个事物本身，既美丽又充满了威胁、危险和病态。通过显微镜观察癌症切片，如果我们能忘记它是癌症，就可以把它视为一个美丽、复杂并令人惊叹的组织。如果把认知蚊子当成我们认知目标本身，那它就是一个奇妙的认知对象。在电子显微镜下的病毒也是令人着迷的认知对象（或者，至少在我们忘记其与人类的关联时这个条件下，它们可以是如此）。

由于存在性认知使人变得更不相关，从而使我们更真实地看到事物本身的本质。

4. 现在，在我的研究中逐渐发现，存在性认知和一般认知的一个区别在于：重复的存在性认知似乎使知觉更加丰富。但我暂时还不确定。反复审视、感受我们着迷的一张脸或欣赏的一幅画，会让我们更喜欢它，让我们从不同感官上看得越来越多。我们可以称之为对象内部的丰富性。

但是，重复的存在性认知与普通的重复体验的效应形成鲜明对比，后者包括厌倦、熟悉和注意力丧失等。从我自己的满意度上来讲（尽管我现在还未能证实），重复地看那些我认为的好画会让那些预先选好的有感知力和理解力的人觉得这些画更美；而重复看那些差的画，会使其看起来更差。对于女人，也是如此。

在这种更常见的认知中，最初的认知常常只是简单地将事物分类为有用或没有用、危险或不危险，而重复的观察使它变得越来越空洞。普通认知常常基于焦虑，或者是由匮乏性动机驱动，在第一次看到时就可以完成这种认知。接着，这种感知需要消失了。随后，已被分类的人或物便将彻底不再被感知。在重复体验时，认知就会显露出贫乏。对于充实，也是同理。此外，重复观察不仅会造成认知的贫乏，还会造成持有这种知觉者的贫乏。

相较非爱，对所爱对象的内在本质产生一种深刻的认知。这里有一个主要机制在于，爱包含对被爱对象的迷恋，因此，在重复审视、关注和观察时，会带有"关爱"。相爱的人可以看到彼此的潜力，而其他人无法察觉。人们总说"爱是盲目的"，但是我们现在必须考虑这样一种可能性：在某些情况下，爱可能比非爱更有洞察力。当然，这意味着在某种意义上，其实可以去感知那些尚未实现的潜能。这并不是一个听起来那么困难的研究问题。专家所使用的罗夏测验也是一种对尚未实现的潜力的感知。原则上，这是一种可检验的假设。

5. 在我看来美国心理学，或者说更大范畴的西方心理学，通过种族中心主义的方式假定人的需要、恐惧和兴趣始终是感知的决定因素。知觉的"新观点"是以"认知必须永远被激发"这一假设为基础的。这也是古典弗洛伊德主义的观点。进一步的假设是，认知是一种应对机制，是一种工具机制，一定程度上是以自我为中心的。它假设只有当观察者有很强兴趣时，他们才会审视世界，并且假设建立经验时必须以自我为中心并以自我为决定因素。

我认为这种观点是种族中心主义的，不仅是因为它显然是对西方世界观的无意识表现，还因为它长期以来都忽视了那些东方国家尤其是中国、日本和印度的哲学家、神学家和心理学家的著作，更不用说戈德斯坦、墨菲、夏洛特·布勒、赫胥黎、索罗金、安吉亚尔和其他很多作者。

我的发现表明，在自我实现者的普通认知和普通人偶尔出现的高峰体验中，感知可以相对超越自我、做到忘我和无我。这可能是非激励的、非个人的、无欲求的、无私的、无需要的或超然的；可能是感知对象而不是自我为中心的。也就是说，感知经验能够以其对象为中心，而不是建立在自我的基础之上。这就好像他们所感知到的东西是独立存在的，不依赖于观察者。在审美体验或爱的体验中，主体有可能变得沉迷并"倾注一切"于对象之中，这时的自我在真正意义上消失了。像是索罗金这样的作者在研究美学、神秘主义、母性和爱等时，甚至认为我们在高峰体验中可以算是已经将观察者与观察对象的合二为一，从而形成一个新的、更大的、更高一级的单位。这可能会让我们想起同理心和同一性的一些定义，当然，也为这个方向的研究开辟了可能性。

6. 高峰体验被认为是一种自我确认、自我辩护的时刻，带有它自身的内在价值。也就是说，它本身就是目的，我们可以称之为目的体验，而不是手段体验。它被认为是一种如此宝贵的经验，如此伟大的启示，以至于即使试图去验证它，也会使它失去尊严和价值。这一点在我的实验对象向我们报告其爱情体验、神秘体验、审美体验、创造体验和洞察力爆发时，都普遍予以了证明。在治疗环境下的顿悟时刻，这点变得尤为明显。由于人会保护自己，避免出现顿悟状态，顿悟可以被定义为痛苦地接受。它突然闯入人的意识中时，可能会造成冲击。然而，尽管事实如此，人们普遍认为从长远来看顿悟是值得的、令人向往的和想要的。看见比看不见更好，即便看见以后伤痛也是如此。在这种情况下，内在的自我辩护，自我确认的价值使痛苦变得有意义。许多关于美学、宗教、创造力、爱情的作家一致地将这些经历描述为不仅具有内在的价值，而且还可以通过它们的偶然发生，使生命变得有价值。神秘主义者总是肯定这种一生中可能只有两三次的神秘体验是有巨大价值的。

高峰体验与生活中的普通体验形成鲜明对比，在西方心理学中尤为明显，最明显表达此类观点的是美国的心理学家。行为与达到目的的手段具有同一性，也就是说，很多作者把"行为"一词看作与"工具性行为"同义。每做一件事情就是为了达成一个更长远的目标，为了获得某些事物。这种态度在约翰·杜威的价值理论中体现得淋漓尽致。即便是这样的表达也不够准确，因为它暗含了目的的存在。更准确来说，他指的是：方式是达到其他方式的方式，从而也变成方式，依此类推，直至无穷。

对我的研究对象来说，纯真快乐的高峰体验属于他们的一种终极生活目标、终极证实和终极辩护。心理学家应该回避它们，甚至官方地漠视其存在，或者更糟糕的是，在客观心理学中，先验地否认它们作为科学研究对象存在的可能性，这是不可理解的。

7. 在我研究过的所有常见的高峰体验中，都有一种非常典型的在时间和空间上的迷失。准确地说，在这些时刻，人主观地处于时间和空间之外。在狂热创作时，诗人或艺术家会忘记周围的环境，忘记时间的流逝。当他醒来时，他根本无法判断已经过去了多少时间。他不得不频频摇头，仿佛从恍惚中醒来，重新发现自己的位置。但是，更多的研究对象，特别是情侣们，在向我汇报时谈到，他们完全失去了时间概念。在他们心醉神迷的时候，时间过得快得可怕，一天好像只过了一分钟，但有时紧张的一分钟也可能感觉像一天或一年。从某种程度上来说，他们就像生活在另一个世界，那里的时间既是静止不动的，却又飞快地移动着。对于普通的时间范畴，这无疑是一种悖论和矛盾。然而，我的研究对象的确是这么向我反映的。因此，我们必须考虑这个事实。我认为，没有理由去说，这种时间的体验经不起实验研究的检验。在高峰体验中，对实践的判断肯定是不准确的。因此，在普通生活中对周围事物的意识也必然不够准确。

8. 我的发现对价值观心理学的影响是非常令人困惑的，但又是如此一致，以至于不仅有必要将其形成报告，而且要试图以某种方式理解它们。先从终点开始，高峰体验只会是好的和令人渴望的，而不会让人体验到它是邪恶或不受欢迎的。高峰体验存在一种内在合法性，这种体验是完美而全面的，不需要任何其他东西，其本身就足够了。可以感受到，它本质上是必要的也无法避免。它的善就像它应该做到的一样。人们对它的反应是敬畏、惊奇、惊讶、谦卑，甚至崇敬、欣喜和虔诚。"神圣"这个词偶尔会被用来描述人在高峰时刻的反应。从存在意义上来看，它是快乐和有趣的。

这里也蕴含着很深的哲学蕴意。如果为了进行讨论，假设我们承认了以下命题：在高峰体验中可以更清楚地看到现实本身的性质，并且可以更深刻地看穿现实的本质。那么，就和许多哲学家和神学家的说辞基本一致。他们断定，存在整体上是中性的或好的，而邪恶、痛苦或威胁只是局部现象。这种局部现象是由于主体未把世界看成一个统一的整体，只是从自我为中心的观点出发。

另一种说法是将高峰体验与包含在许多宗教中的"上帝"概念进行比较。"上帝"能注视和包容整个存在，并理解它。因此"上帝"一定会把存在看作是善的、公正的和必然的，并认为"邪恶"来源于有限的、自私的看法和理解。在这个意义上，如果我们能够像上帝一样，怀有普遍的理解，我们就不会怪罪、谴责、失望或震惊了。对于他人的缺点，我们只会产生怜悯、宽容或者友好的情绪，或者还有些悲伤或者存在性的幽默。但这恰恰是自我实现者对世界的反应，也是我们所有人在高峰时刻的反应。这正是所有心理治疗师试图对他们的病人做出反应的方式。当然，我们必须承认，这种像上帝一样的、普遍宽容的、愉悦的、接受的态度是极其难以达到的，从纯粹的形式上看，这种状态甚至是不可能达到的。然而，我们知道，这只是一个相对的问题。我们可以更接近或更不接近它，而仅仅因为它很少出现、暂时出现和不纯粹而否认这种现象是愚蠢的。虽然我们永远不会成为真正的上帝，但我们能够或多或少地趋向于接近上帝，偶尔或经常像上帝一样。

总之，高峰体验中的认知和日常的认知与反应形成了鲜明对比。普通日常的认知是在手段价值的支持下进行的，也就是考虑到它对于实现我们的目的是否有利，是否符合需要，它是好的还是坏的。我们对它进行评估、控制、判断、谴责或赞同。我们为何会嘲笑他人，而不是与之一起笑。我们从个人角度对经验做出反应，根据自我和自我的目的对世界做出认知，从而把世界仅仅当作一种达到目的的方式。这与超然于世界的观点相左，这又意味着我们没有真正地认知世界，而只是在认知世界中的自我，或自我中的世界。我们的感知是受匮乏性动机驱动的，因此，能够感知到的也只是匮乏性价值。这不同于感知整个世界，或者感知我们在高峰体验中作为世界替代物的那部分世界。这时且只有这时的我们才能认知世界的价值，而非我们自己的价值。我把这些价值称作存在性价值。这和罗伯特·哈特曼的"内在价值"比较相似。到目前为止，我能列举出的存在性价值包括：

（1）完整（统一、整合、趋同、相互关联、简单、组织性、结构性、超越二分法、秩序）；

（2）完善（必要性、恰当性、合理性、必然性、适宜性、正当性、完整性、"理所应当"）；

（3）完成（结束、定局、裁决、"已完成"、实现、到达终端、命运、天数）；

（4）正当（公平、井然有序、合法、"理所应当"）；

（5）活力（过程性、不死性、自发性、自我调节、充分发挥作用）；

（6）丰富性（差异化、复杂性、精细化）；

（7）简单性（诚实、直率、实质性、抽象性、本质、基本结构）；

（8）美（正直、形态、活力、简单、丰富、完整、完善、完成、独特、诚实）；

（9）善（正直、合乎需要、理所应当、公正、仁慈、诚实）；

（10）独特性（特质、个性、无可比性、新奇）；

（11）不费力（轻松、无压力、不用努力或没有困难，优雅，完美，活动自如）；

（12）趣味性（乐趣、欢乐、幽默、喜庆、诙谐、热情洋溢、不费力）；

（13）诚实、真诚、现实（直率、单纯、丰富、理所应当、美、纯洁、干净纯粹、完整、实质性）；

（14）自给自足（自主、独立、不需要外在物的自我、自我决定、超越环境、分离、按自身的规律生活）。

显然，这些存在性价值并不相互排斥。它们不是单独的或截然不同的，而是相互重叠或融合。最终，它们是存在的所有方面，而不是其中的一部分。这些不同的方面将会在认识的前景中出现，其作用也会显现出来。举例来说，感知美丽的人或美丽的画，体验完美的性和／或完美的爱，洞察力，创造性，分娩，等等。

这不仅是真、善、美这三个古老的三位一体融合统一，它也远不止于此。我曾在其他地方报告过我的发现：在我们的文化中，真、善、美在普通人身上形成较好的关联性，而在神经官能症患者身上，甚至连一点都达不到。只有在高度发展和成熟的人、能够自我实现和充分发挥功能的人身上，这三者才如此紧密地联系在一起，以至于从所有实际的目的来看，才可以说融合成一个整体。现在我想补充一点，这也适用于其他处于高峰体验的普通人。

如果被证明这一发现是正确的，那么会与一个指导一切科学思想的基本公理之一产生直接矛盾，这个公理就是知觉越客观，它与价值就越分离。事实和价值几乎总是（被知识分子）认为是反义词，相互排斥。事实几乎总是被看作价值的反义词，两者被认为是互相排斥的。但是，或许真实情况却恰恰相反。因为，我们在审视最超然于自我、最客观、最无动机、最被动的认知时，却发现这种认知要求直接知觉价值，而价值不能脱离现实。对"事实"最深刻的感知导致"是"和"应当"的融合。在这种时刻，现实被渲染上了惊奇、赞赏、敬畏和认可的色彩，即赋予了价值色彩。[1]

9. 普通体验根植于历史和文化之中，也根植于人的变化和相对的需要之中。它按照时空的方式组织起来。普通体验是更大整

---

[1] 我没有去努力研究，我的研究对象在交谈中也没有主动提及所谓的"低谷体验"，比如某些人对衰老和死亡不可避免的痛苦和毁灭性、以及最终孤独的必然性、自然的非人格性、以及无意识的本性等等观点。

体的组成部分，因此是相对于这些更大的整体和参照系。既然它的存在是依靠人的，那么如果人消失了，它也就消失了。它的组织参考框架从人的兴趣转移到人对环境的要求，从当前的时间转向过去和未来，从这里转向那里。在这些意义上，经验和行为是相对的。

从这个角度来看，高峰体验更具绝对性而非相对性。他们不仅如我上述那样是没有时间和空间的；它们不仅脱离背景，感知到更多的自己；它们不仅是相对非激发的，超越人的私利的。同时，他们就像是在其自身之中，在我们"之外"，让我们对他们产生感知和反应。这样的感知也会超越感知者的生命，长久独立地存在。从科学的角度来说，谈论"相对"和"绝对"肯定是困难的，也是危险的，我知道这是一个语义上的沼泽。然而，在我的研究对象的许多内省汇报的驱使下，我不得不报告这种差异，我们这些心理学家最终将不得不解决的一个发现。这些词是研究对象自己用来描述本质上不可言说的经历的。他们会使用"绝对""相对"这组词汇。

我们自己一次又一次地被这种词汇所诱惑，例如，在艺术领域。比如，一个中国花瓶可能本身就很完美，可能同时有 2000 年的历史，但此时却很新鲜，它是世界的，而不是中国的。至少在这些意义上，它是绝对的，但是，按照时间、起源的文化和持有者的审美标准，它却也是相对的。每一种宗教、每一个时代、每一种文化的人们都用几乎相同的文字来描述这种神秘的体验，难道这不是很有意义吗？这也难怪赫胥黎称它是"长青哲学"。伟大的创造者比如由吉塞林编入选集的那些人，几乎都用同样的术语描述了他们的创造性时刻，尽管他们身份各异，包括诗人、化学家、雕刻家、哲学家和数学家。

"绝对"这个概念之所以难以理解，部分原因是"绝对"总的来说是静态的。从我的研究对象的经验来看，现在很清楚，这不是必要的，也不是不可避免的。对一个审美对象，一张心爱的脸，或一个美丽的理论的感知是一个波动的，转移的过程，但注意力的起伏被严格控制在认知范围之内。它的丰富性可以是无限的，持续的凝视可以从完美的一个方面转到另一个方面，一会儿集中在它的一个方面，一会儿集中在另一个方面。一幅精美的绘画有许多结构，而不是只有一个结构。所以审美体验可以是一种持续的，起伏不定的愉悦，就其本身而言，时而以某种方式，时而以另一种方式。它在某个时刻既可以被看作是相对的，在另一个时刻也可以被看作是绝对的。我们没必要在绝对性和相对性的问题上作挣扎，因为它兼具二者。

10. 普通的认知是一个非常活跃的过程。它是认知者的一种典型的塑造和选择。他选择感知什么和不感知什么，他将其与自己的需要、恐惧和兴趣联系起来，进行组织、安排和重新安排。总之，他致力于此。认知是一个消耗能量的过程。它包括警觉、警惕和紧张，因此是令人疲劳的。

相比积极认知，存在性认知比较被动，接受能力也更强，当然，它不可能永远完全如此。对于这种"被动"的认知，我所找到的最好的描述来自东方哲学家，尤其是老子和道家哲学家。有一个很好的短语来描述我的数据。他称之为"无选择意识"。我们也可以称之为"无欲望的意识"。道家"顺其自然"的概念也表达出了我想要说的。也就是说，这种感知可能是无所求的，而不是有所求的；是沉思的，而不是强迫的。在经验面前，它可以是谦卑的，互不干涉，接受而不是索取，它可以让感知顺其自然。在这里，我想起了弗洛伊德对"自由漂浮的注意力"的描述。这种感知也是被动的而非主动的，无私的而非自我中心的，梦幻的而非警惕的，耐心的而非不耐烦的。它对体验是凝视而不是打量，也不是屈从或投降。

我还发现，约翰·施莱恩最近（1956年）提出的一个论述很有用，他论述了被动倾听和主动用力倾听之间的差别。优秀的治疗专家必须能以接受而不是施加的方式来聆听，这才能听到人们实际上想表达的，而非他想听到的或要求听到的内容。他不应该强迫自己，而应该让这些话源源不断地涌进来。只有这样，病患自己的形态和模式才能得到理解。否则治疗专家只能听到自己的理论和期望。

实际上，我们可以说，能否成为接受的和被动的，是划分任何优秀学者和能力欠佳的治疗专家的标准。优秀的治疗专家能根据每一个人的真实情况，新鲜地感知他们，没有强烈的欲望将他们分类，标签化，分级或是分组。即便已经有了一百年的临床经验，能力欠佳的治疗专家可能会发现自己只是在重复他们在职业生涯最初就学到的理论。在这个意义上来说，治疗专家可以重复同样的错误四十年，然后称之为"丰富的临床经验。"

就像劳伦斯和其他浪漫主义者所表达的，对于这种独特的存在认知感，还有一种虽然也是同样古老，但是完全不同的传达方式，就是把它称为非意志的而不是受意志影响的。普通的认知是高度有意志的，因此它是有要求的，预先安排和预先设想的。在对高峰经验的认识中，意志是不干涉的，它被搁置了。它接收而不要求。我们无法驾驭高峰体验，它只是偶然发生在我们身上。

11. 高峰体验时的情绪反应有着一种特别的惊奇、敬畏、崇敬、谦卑和屈服的感受，面对高峰体验仿佛面对某种伟大的事物。有时会有一种被压倒的恐惧（虽然是愉快的恐惧）。我的研究对象在描述这种感受时会说"这对我来说太过分了""这是我所不能忍受的""太美妙了。"这种经历可能具有某种辛酸和刺痛的性质，可能会带来眼泪或笑声，或两者兼而有之。而且可能矛盾地类似于痛苦，尽管这是一种理想的痛苦，经常被描述为"甜蜜的"。而且这还可能涉及通过一种特殊的方式来思考死亡。不仅是我的研究对象，还有很多作家在讨论各种高峰体验时都会比较高峰体验和死亡体验，也就是将其与渴望死亡进行比较。有一种典型的说法大概是这样的："这也太不可思议了。我不知道我怎么才能承受。让我现在就死去也可以。"或许在一定程度上，他们是想紧紧抓住这种高峰体验，不想从这个顶峰跌落到平凡生活的山谷。在一方面，这也表现了人们在高峰体验面前体会到的谦卑、渺小、毫无价值等强烈感受。

12. 我们还必须处理另外一种矛盾现象，尽管这非常困难。这个矛盾是在关于知觉世界互相冲突的报告中发现的。在一些报道特别是神秘主义经验，宗教经验或哲学经验中，整个世界被视为一个整体，一个单一的丰富的实体。在另一种高峰体验中，尤其是爱情体验和审美体验中，世界中只有一小部分被感知，却被看成是世界的全部。在这两种情况下，感知都是关于整体的。或许，对一幅画、一个人或一个理论的存在性认知保留了整体存在的所有属性，即存在价值。而这可能是因为感知它们就仿佛它们在当下是存在的一切。

13. 抽象和类化的认知和对具体、原始和特殊事物的新鲜认知之间差异巨大。在这个意义上，我将使用"抽象"和"具体"这两个术语。它们和戈德斯坦的术语并没有太大的区别。我们大部分的认知（注意、感知、记忆、思考和学习）都是抽象的，而不是具体的。也就是说，在我们的知觉生活中，我们基本上在进行分类、系统化、分级和抽象。我们并没有按照世界的实际状况认知其本质，就像是我们在建构自己的内在世界观那样。我们的大多数体验都经过了我们的分类、构建和标签化系统过滤，正如沙赫特尔在其经典论文《童年失忆症和记忆问题》中所指出的那样。我对自我实现者的研究导致了这种差异，在他们身上我发现了在不放弃具体性的情况下进行抽象的能力和在不放弃抽象性的情况下成为具体性的能力。这一点是对戈德斯坦的论述的补充，因为我发现了对具体的缩减，还发现了可以称为对抽象的缩减，即降低了知觉具体的能力。从那以后，我在优秀的艺术家和临床医生身上也发现了这种感知具体事物的特殊能力，尽管他们并未完成自我实现。最近，我在普通人的巅峰时刻发现了同样的能力。这样，他们就能更好地把握感知的具体性质。

这种独特的感知通常都被表达成是审美知觉的核心，与诺思罗普所举的例子如出一辙。因此这二者被认为是几乎一样的。在大多数哲学家和艺术家看来，要想具体地从某一个内在独特性中感知他，就是要从美学上感知他。我更喜欢更广泛的用法，我认为我已经证明了这种对物体的独特性质的感知是所有高峰体验的特征，而不仅仅是审美体验。

把存在性认知中的"具体知觉"理解为同时或接连感知有关对象的一切方面和特性，这是很有用的。从本质上讲，抽象就是对事物的某些方面进行选择，即选择那些对我们有用的方面，对我们有威胁的方面，对我们熟悉的方面，或者对我们的语言范畴合适的方面。怀特海德和博格森已经把这一点说得很清楚了，就像维瓦提和之后的许多其他哲学家也是如此。虽然抽象在一定程度上是有用，却也是虚假的。总之，抽象地感知一个对象意味着不去感知它的某些方面。显然，抽象就意味着选择某些属性，拒绝其他属性，创建或扭曲其他属性。我们把它制造成我们希望的那样。我们创造它、制造它。此外，抽象还有一种极其重要的强大倾向，它会把感知对象的各个方面和我们的语言系统相联系。这就产生了特殊的麻烦，因为在弗洛伊德的观点中，语言是次要的而不是主要的过程，因为它处理的是外部现实而不是心理现实，是意识而不是无意识。的确，这种欠缺可以通过诗歌或狂想曲的语言在某种程度上加以纠正，但归根结底，许多经验是无法形容的，根本无法用语言表达出来。

让我们以感知一幅画或者一个人的例子来说明。为了充分感知它们，我们必须克制那种将其分类、比较、评价、需要和使用的倾向。当我们说一个人是外国人，就是将其作了分类，做出了抽象行为。在某种程度上，这么做让我们无法看到这个人作为独特和整体的存在，看不到他与整个世界上其他人的区别。当我们走近挂在墙上的画，读出艺术家的名字的那一刻，我们就不再可能根据这幅画本身的独特性用全新的眼光来看待它。因此，在某种程度上，我们所谓的认知，即把经验放在一个概念、词语或关系的系统中，切断了完全认知的可能性。赫伯特·里德曾经指出，孩子有"天真的眼睛"，他们有能力把一切都看作是第一次看到的新事物（通常确实都是第一次看到）。然后，他就可以惊奇地注视着它，检查它的各个方面，了解它的所有属性。因为在这种情况下，对这个孩子来说，这个奇怪物体的一个特点不会比其他特点更重要。孩子不会组织它，他只是凝视它。他以坎特里尔和墨菲描述过的那种方式细细品味经验的特点。在类似的情况下，当成年人越是阻止自己将他人或是画作进行抽象、命名、排名、比较、联系，那么这些人或画的多面性就更能被看到。我尤其要强调感知那些难以言喻的事物的能力。如果将这些难以言表的事物强行用语言来表达，就会改变它，使它有别于自身，变成一个和自身很像的东西，虽然类似，却不同于自身。

　　正是这种感知整体和超越部分的能力，在各种高峰体验中成为认知的特征。因为只有这样，我们才能从最完整的意义上了解一个人。所以毫不奇怪，自我实现者在感知他人时会更加机敏，更精明地了解他人的内核或本质。这也是为什么我相信，一个理想的治疗师，作为一种专业的需要，应该在没有预先假设的情况下，了解他人的独特性和完整性或者至少把他都当成是相当健康的人来对待。尽管我愿意承认这种感知中无法解释的个体差异，但我仍然坚持这种观点，而且治疗经验本身也是一种认知另一个人存在的训练。这也解释了为什么我觉得对于审美感知和审美创造的训练可以成为临床训练中一个非常可取的方面。

14. 在人类成熟的更高层次上，很多分歧、两极分化和冲突都被融合、超越或消除了。自我实现者兼具自私与无私，酒神精神和日神精神，个性与社会性，理性与非理性，融入他人又遗世而独立，等等。我曾设想过人类追求自我实现的路径就像一个线性的连续体，它的两个极端彼此对立，离得越远越好。可是，现在却证明，它更像是一个圆或是螺旋，两个极端交织在一起，融为一个整体。我也发现，这在充分感知目标时，是一个很强的倾向。

对于存在的整体，我们了解得越多，就越能够容忍有些存在与我们所感知到的不一致、相矛盾以及相抵触的情况。这些似乎是部分认识的产物，随着我们对整体产生了认知而消逝。从神一般的角度来看，认知一个神经官能症患者的过程，可以看作是在认知一个奇妙、复杂甚至是美丽的整体。我们通常看到的冲突、矛盾和分裂，可以被视为不可避免的、必要的，甚至是命中注定的。也就是说，如果他能被完全理解，那么一切就会落到必要的位置，他就能被审美地感知和欣赏。他的所有矛盾和分裂就会变得有意义或充满智慧。当我们把症状看作是趋向健康的一种压力，或者把神经官能症看作是当下对个人问题最健康的可能解决方案时，甚至连疾病和健康的概念也可能会融合和模糊。

15. 不仅在我已经提到的意义上，而且在其他方面，特别是在完整地热爱、怜悯地以及愉悦地接纳世界万物和人的方面，处在高峰体验中的人都像神一样。尽管他在大多数普通时刻似乎都很糟糕。神学家们长期以来一直在为这个不可能完成的任务而奋斗，即像上帝一样全能、全爱、全知地调和世界上的罪恶、邪恶和痛苦。一个次要的困难是，如何协调好对善恶的必要奖惩，以及一个全爱、全宽恕的上帝的概念。上帝必须惩罚，又不能惩罚，既要宽恕，又要谴责。

我认为，通过对自我实现者的研究，以及对目前所讨论的两种广泛不同的感知类型（即存在性认知和匮乏性认知）的比较，我们可以了解这一困境的自然解决方案。存在性认知一般都是短暂的现象，是一个高峰、一个制高点、一个偶尔实现的成就。也就是说，他们比较、判断、批准、联系、使用。这意味着我们有可能以两种不同的方式交替地感知另一个人，有时是通过他的存在，仿佛他是整个宇宙的暂时存在。然而，更常见的是，我们把他看作是宇宙的一部分来感知，并以许多复杂的方式与宇宙的其余部分相联系。当我们从存在的角度来感知他，那么我们就全然地去博爱、宽恕、接受、欣赏、理解这一切并且因为存在和爱心而愉悦。可这些恰恰是大多数上帝的概念所应具有的特点（除了愉悦。很奇怪，大多数上帝概念中都不涵盖愉悦的特点）。在这样的时刻，我们就可以在这些属性上像神一样。例如，在治疗的情况下，我们可以用这种爱、理解、接受、原谅的方式把自己与我们通常害怕、谴责甚至仇恨的各种人联系起来——谋杀犯、性虐者、强奸犯、剥削者、懦夫。

有一点在我看来非常有趣，那就是所有人都不时表现出他们希望被他人存在性认知（详见本书第九章）。

他们讨厌被别人分类、分级、标签化。给一个人贴上"侍者""警察""女士"的标签，而不将他们当作一个个体来对待，往往让他们不悦。我们都希望自己的充实、丰富性和复杂性能够被认可和接受。如果在人类中找不到这样的接受者，那么就会出现非常强烈的倾向来投射和创造一个像神一样的形象，有时是人的形象，有时是超自然的形象。

"邪恶问题"的原因是，在我们的研究对象看来，要以现实本身存在并依照现实本身的权力来"接受现实"。现实不是为了人类存在，也不是为了反对人类而存在，它只是并不以人的意志为转移客观地存在着。一场夺去生命的地震只对那些相信上帝的人提出了一个调和的问题，他们要求上帝既博爱又严肃，无所不能，还是整个世界的造物主。对于那些能够自然地、客观地、非创造地理解和接受它的人来说，地震并不存在伦理或价值论的问题，因为它并不是"故意"去惹恼他的。他会耸耸肩，如果用人类中心论来定义邪恶，他就像接受季节变换和风暴一样接受邪恶。原则上，人们可以在洪水或老虎杀死猎物之前欣赏它的美丽，甚至从中得到愉悦。当然，对伤害他人的行为采取这种态度要难得多，但这偶尔也是可能的，而且一个人越成熟，这种可能性就越大。

16. 处在高峰时刻的人在感知时会倾向将感知对象视为独特的并不对其分类。无论是在他们感知一个人、感知全世界、一棵树抑或是一件艺术品，被感知的对象都被视作独特的并且是所在类别中的唯一项。这与我们平常认知世界的普遍方式形成了鲜明对比。我们在日常感知世界时总是将其泛化，依靠着亚里士多德所提出的将世界分成各种类别理论，对于类别来说，感知对象只是一个实例或者样本。分类的整个概念都依托于我们日常的分类。如果没有类别，那么相似、同等、类似、差异这些概念就都没有用处了。人们无法将两个毫无共性的对象加以比较。此外，如果说两个事物是具有共性的，那就意味他们具有共同特点，比如，都是红色、都是圆形、都很重等等，这就必然意味着抽象。但是，如果我们不抽象地感知一个人，如果我们坚持同时感知他的所有属性，并且认为这些属性对彼此都是必要的，那么我们就无法对他进行分类。从这个角度看，每一个人，每一幅画，每一种鸟，每一朵花，都是其所在类别的唯一项，因此必须被独特地感知。这种希望看到事物所有方面的意愿，意味着认知上更高的效度。

17. 虽然短暂，但是高峰体验在一定意义上，使得身处其中的人们完全抛弃了恐惧、焦虑、压抑、防御、控制、克己、延误和限制。对崩溃和瓦解的恐惧，对被"本能"压倒一切的恐惧，对死亡和精神错乱的恐惧，对屈服于放纵的快乐和情感的恐惧，所有这些都趋向于消失或暂时停止。这也就意味着人可以更开放地去感知，这种感知不再因感知而扭曲。

高峰体验可以被看作是纯粹的满足，纯粹的表达，纯粹的兴奋或快乐。但因为高峰体验"存在在世界之中"，它其实就将弗洛伊德的"快乐原则"和"现实原则"融为一体。那么，这仍证明在较高心理功能层级上解决普通二分法概念。

因此，我们可能期望在那些经常有这种经历的人身上找到某种"渗透性"，即对潜意识的亲近和开放，以及对它的相对恐惧。

18. 我们已经看到，在这些不同的高峰体验中，人往往变得更完整，更个性化，更自发，更有表现力，更容易且不费力、更勇敢、更强大等等。

但是，这些表现与前文提到的各种存在价值是类似的或者几乎相同的。内部和外部之间似乎有一种动态的相似或同构。这就是说，当人感知到世界的本质时，他也更接近他自己的本质（接近他自己的完美状态，自己变得更完美）。因为当他出于任何原因接近自己的本质或完美时，这就使他更容易看到世界的存在价值。当他自身变得更加统一时，他也更可能看到整个世界更多的统一性。当他愈发了解了存在性快乐，便更易于发现世界的存在性快乐。当他变得愈发强大，便更能看到这个世界的强大力量。个人与世界相互成就，就像压抑会让世界变得不那么美好，反之亦是如此。他和这个世界变得更像彼此，因为他们都朝着完美的方向前进（或者他们都朝着失去完美的方向前进）。

也许这就是爱人间融合的部分意义，在宇宙体验中与世界融为一体，在一个伟大的哲学洞见中感受到他们作为统一的一部分这种感觉。有些（并不充分）相关的资料表示，一些用来描述"美好"图画的结构的特质也可以用来形容那些优秀的人，比如完整、独特、富有活力这些存在价值。当然，这些也是可以验证的。

19. 如果我现在试着把所有这些都暂时放进另一个许多人都熟悉的参照系统——心理分析里，这就会对有些读者很有帮助。二级过程处理潜意识和前意识之外的真实世界。逻辑、科学、常识、良好的调适、文化适应、责任、计划、理性等都是二级过程的方法。初级过程最初是在神经官能症和精神病患者身上发现的，然后在儿童身上发现，直到最近才在健康人身上发现。在梦境中，我们可以最清楚地看到潜意识活动的规律。愿望和恐惧是弗洛伊德机制的主要推动力。一个在现实世界中相处得很好的、有适应能力的、负责任的、有常识的人，通常必须通过抛弃自己一定程度的潜意识，否认和压抑它们才能做到这样。

在几年前，我强烈地意识到了这一点。那时我不得不面对我所选出的自我实现的研究对象，发现他们既是非常成熟的，与此同时又是幼稚的。我将其称作"健康的孩子气"或"第二次天真"。克里斯和自我心理学家也认为这是"在自我协助下的退化"。这样的现象不仅能在健康的人身上找到，还最终被当成是心理健康的必要条件。爱也被认为是一种退化（也就是说，不能退化的人就不能去爱）。最后，分析学家同意，灵感或伟大的（初级）创造性部分来自于潜意识，也就是一种健康的退化，一种暂时远离现实世界的倒退。

现在，我在这里描述的内容或许会被视为自我、本我、超我和自我理想的融合，是意识和潜意识的融合，是初级过程和二级过程的融合，是快乐原则和现实原则的综合，是在最成熟的情况下无所畏惧的健康的退化，是一个人在所有层面上的真正整合。

重新定义自我实现

换句话说，任何一个处于高峰体验中的人都暂时拥有了我在自我实现的人身上发现的许多特征。也就是说，他们暂时成为自我实现者。如果我们愿意，可以把它看作是一种短暂的性格变化，而不仅仅是一种情感认知的表达状态。这不仅是他最快乐、最激动人心的时刻，也是他最成熟、最个性化、最充实的时刻，总之在高峰体验中，他最健康。

这使得我们有可能重新定义自我实现，以清除其静态的和类型上的缺点，这也让自我实现不再是少数人在六十岁时进入的"要么全有要么全无"的万神殿。对于自我实现，我们可以将它定义为一个一段经历或是一次进发状态。在这种状态中，人的力量以一种特别有效、特别愉快的方式汇聚在一起，他更完整、更少分裂、更开放地体验，更有个性，更完美地表达或自发，或完全运作，更有创造力，更幽默，更自我超越，更独立于他的低需求，等等。在这些经历中，他成为更真实的自己，更完美地实现潜能，更接近他存在的内核。

理论上，这种状态或经历可以在任何时间出现在任何人的生活中。那些被我称为自我实现者的人，他们与别人的区别似乎在于在他们身上，这些经历似乎来得比普通人更频繁、更强烈、更完美。这使得自我实现成为一个程度和频率的问题，而不是全有

第三编 成长与认知
Toward a Psychology of Being

或全无的事情，从而使其更符合现有的研究程序。我们不再需要局限于寻找那些据说在大部分时间实现自己的少数研究对象。至少从理论上来说，为了寻找自我实现的经历，我们还可以搜索任何人的生活经历，尤其是那些艺术家、知识分子和其他有创造力的宗教人士，以及在心理疗法或其他重要成长经历中产生了深刻顿悟的人的经历。

外部效度的问题

到目前为止，我已经用现象学的方式描述了主观体验。它与外部世界的关系则完全是另一回事。仅仅因为感知者相信他的感知更加真实和完整，并不能证明他真的这样做了。判断这种信念是否有效的标准通常取决于所感知到的物体或人，或所创造的产品。因此，原则上这对相关性研究来说是简单的问题。

但是在什么意义上艺术可以被称为知识呢？审美当然有其内在的自我确认。这被认为是一次宝贵而美妙的经历。但也有一些幻觉和错觉也是如此。而且，一幅对我来说毫无感觉的画，却可能让你产生审美体验。就算我去超越个人层面上的不同，外部有效性标准的问题依然存在，就像其他所有感知一样。

爱的知觉、神秘体验、创造性时刻以及顿悟的闪现也是如此。

一个人对其所爱之人的感知是其他人无法体验的，同时，他不会怀疑内在体验的内在价值，以及对他自己、对他所爱的人、对这个世界的许多有益结果。如果我们以母亲爱她的孩子为例，情况就更明显了。爱不仅能感知到潜在的东西，而且还能实现它们。缺乏爱时，这些潜力会被压抑，甚至被扼杀。个人成长需要勇气、自信，甚至敢于冒险。而如果得不到来自父母或配偶的爱，则会产生相反的效果。这个人就会自我怀疑、焦虑，觉得自己没有价值，期望受到嘲笑，等等，而这些都是成长和自我实现的阻碍。

所有的人格和心理治疗经验都证明了这一事实，即爱使人实现，非爱使人愚钝，无论是否值得皆是如此。

于是，一个复杂的循环问题出现了："这种现象在多大程度上是一种自我实现的预言？"正如默顿所说的那样。丈夫坚信他的妻子是美丽的，或者妻子坚信她的丈夫是勇敢的，在某种程度上创造了美丽或勇气。这与其说是对已经存在的事物的感知，不如说是通过这种坚信使之存在。既然每个人都有可能变得美丽和勇敢，我们是否可以把这看作是一种感知潜能的例子呢？如果是这样，那么这就不同于感知一个人能否真正成为伟大小提琴家的可能性，这并不是一种普遍的可能性。

然而，除却所有的复杂性外，那些希望最终将所有这些问题纳入公共科学领域的人仍然对其心存疑惑。对另一个人的爱常常带来幻觉，也就是对那些其实并不存在的品质和潜能的感知。因此，这并不能算是真正的感知，而是在旁观者的头脑中创造出来的，然后依赖于一种由需求、压抑、否认、投射和合理化组成的系统。如果爱可以比非爱更敏锐，那么也会更盲目。如果是这样，那么何种研究问题依然会困扰我们呢？我们如何才能选出那些更敏锐地知觉真实世界的实例呢？我已经报告了我在人格层面的观察，这个问题的一个答案在于感知者的心理健康的变量，可能与爱有关，也可能无关。在其他条件相同的情况下，人越健康，对世界的感知就越敏锐。由于这一结论是未经控制变量的观察结果，它只能作为一种假设，等待控制变量的研究来验证。

总的来说，我们在审美和创造性的智力爆发时，以及在洞察力的体验上，都面临着类似的问题。在这两种情况下，经验的外部验证与现象学的自我验证并不完全相关。强大的洞察力也可能出错，强烈的爱也可能消失。在高峰体验中创作的诗歌，也可能后来因为不满意而丢弃。其实从主观上讲，一个经得起检验的创作与那种后来在冷静、客观地批评审查中被丢弃的作品，给人的感受是相同的。时常创作的人对这一点心知肚明，他们能够希望自己强大的顿悟不会半途消耗殆尽。所有的高峰体验都和存在性认知相似，但并不是所有的都是真实的。然而，我们不能忽视这样一个明确的暗示：至少在某些时候，更健康的人和人所处的更健康的时刻可以发现更敏锐和更高效的认知能力。也就是说，有些高峰体验就是存在性认知。我曾经提出过这样一个原则：如果自我实现者能够并且的确比我们其他人更有效、更充分地、更不受动机影响地感知现实，那么我们可能会将其用作生物试验。通过它们更高的敏感度和感知能力，我们可以更好地了解现实是什么样子，而不是通过我们自己的眼睛，就像金丝雀可以在不那么敏感的生物之前就探测到矿洞里的瓦斯含量。作为备用方案，在最具感知力的时刻也就是在高峰体验中，我们是自我实现的，所以这时我们可以得出对现实本质的分析，这比通常情况下要更加真实。

最后，我所描述的认知经验不能代替惯常的怀疑和谨慎的科学程序，这一点似乎很清楚。无论这些认识多么富有成效，多么深入，并且完全承认它们可能是发现某些真理的最好的或唯一的途径，但是，在顿悟的灵光一闪后，那些关于检查、选择、拒绝、确认和（外在的）验证的问题仍然存在。然而，把他们置于一种敌对的排他性关系似乎很愚蠢。现在应该很清楚，他们彼此需要，相互补充，就像拓荒者和定居者一样。

高峰体验的后效

在各种高峰体验的认知中，这些体验对个人产生的后效是完全可以与外部有效性问题分开的。这在另一种意义上，可以说是验证了这些体验。我没有可控的研究数据来展示。我只是在我的研究对象身上看到了他们普遍认为存在此种后效，我自己也相信的确存在这样的后效。而且所有的作家在讨论创造力、爱、洞察力、神秘体验和审美体验等方面时，也有着相同的肯定。基于这些理由，我认为至少有理由作出以下肯定或主张，所有这些都是可检验的。

1. 严格意义上说，高峰体验可能确实有一些治疗效果。我至少有两份报告，分别来自心理学家和人类学家。这两份关于神秘体验或大海般体验的报告，都指出这类体验非常深刻，甚至可以永远消除某些神经官能症。这样的转换体验在人类历史中被广泛记载，但是据我了解，它们却从未得到心理学家或精神病学家的注意。

2. 高峰体验可以让一个人对自己的看法变得更趋向健康方向。

3. 在很多方面，高峰体验可以改变一个人对他人的看法以及对他与其他人的关系的看法。

4. 高峰体验可以或多或少地改变一个人对这个世界的看法，或是对于世界某些方面或部分的看法。

5. 高峰体验可以释放出一个人更大的创造性、自发性、表达力和特质。

6. 一个人会记得那些非常重要和令人向往的体验，并试图重复它。

7. 虽然生活时常很单调、缺乏想象力、痛苦、叫人难以满足，高峰体验中的人会更倾向于认为生活总的来说是值得去体验的，因为生活中的确存在美、兴奋、诚实、有趣、善良、真实和有意义的事物。

根据不同的人所面对的特殊的问题，高峰体验还可能带来很多其他临时产生的独特影响。在经历高峰体验后，人们会觉得这些问题已经得到解决，或是能从全新的角度去看待问题。

我认为，这些后效全都是可恶意普遍化的。如果可以将其比作是去拜访一个人所自认为的天堂，那么，在这之后人是要重返俗世的。这样的体验所产生的让人愉悦的后效有些是普遍存在的，有些是针对个体的，但是都被视为有很大的可能性。①

　　我还想强调，对于审美体验、创造体验、爱的体验、神秘体验、顿悟体验和其他高峰体验中的这种后效，艺术家、艺术教育者、具有创造性的老师、宗教和哲学理论家、有爱的丈夫、母亲、治疗专家和其他很多人都在前意识中将它当成理所当然的事，而且大多期待它们发生。

　　总的来说，这些好的后效是很容易理解的。比较难以解释的是，很多人身上没有明显的后遗症。

第七章　高峰体验是强烈的统一性体验

　　当我们探求同一性的定义时，我们必须记住，这些定义和概念并不是现在就存在于某个隐藏的地方，等待着我们去发现。我们只能发现它们的一部分，我们也创造了它们的一部分。从一定程度上来说，同一性是什么取决于我们自己对其定义。当然，在此之前，我们要先对这个词语已经包含的各种含义加以感受和理解。这样我们就会很快发现，许多作家用这个词来表达很多大相径庭的事实和作用。当然，为了更好地理解这个词在该作者所述

---

① 此处是与柯勒律治的说法作比较："如果一个人能在梦中穿过天堂，得到一朵花来证明他的灵魂真的去过天堂。如果他手拿着花醒了过来，他就会惊呼'啊！这可怎么办！'"

语境中的意思，我们必须理解这些作用。它对不同的治疗师、社会学家、自我心理学家，儿童心理学家等等都有不同的意义，尽管对所有这些人来说也有一些相似或重叠的意义。（也许这样的相似性就是如今同一性的含义。）

关于高峰体验，我还要报告另一种作用。在高峰体验中，同一性具有各种真实的、可以被察觉的实用意义。但，我并不认为这些就是同一性的真正含义，他们只是解读同一性的角度。因为我的感觉是，处于高峰体验的人大多具有最高程度的同一性，他们最接近真正的自我也最不同寻常。似乎高峰体验为我们提供的重要事实数据是最真实并且未受他人染指的。也就是说，在高峰体验中，发明降到了最低，而发现则升至最高。

对读者来说，很明显，下述所有"独立的"特征并非互不关联，而是以各种方式相关的，例如重叠，也就是用不同方式表述同一件事物，而其内涵其实是相同的，等等。对"整体分析"理论（同原子论或还原论分析相对立），感兴趣的读者可以参考我的另一部著作（《动机与人格》第三章）。我将用整体论的方式叙述，也就是说，我不会把同一性拆分成独立存在、相互排斥的部分，而是将其拿在手里翻来覆去反复注释其不同侧面。或者是像鉴赏家一样凝望着一幅好画，一会儿看看它的构图（整体），一会儿看看其他地方。我所探讨的每一个"方面"，都可看作是对另一个"方面"的部分解释。

1.处于高峰体验的人比其他时候感觉更完整（或者说是，其内在更加和谐、充实、融合）。（在他人看来），他同样表现得更像一个整体（下文详述），比如更少割裂或分裂，更少地与自己斗争，与自己相处更和谐，自我体验与自我观察较少分裂，更加专注，更和谐有序、各部分更加协调并且高效、相互协作、减少内耗等等[①]。关于整合及其满足条件的其他方面，后文将再做探讨。

2. 当他变得更纯粹、更独特时，他便能更加与世界融合[②]，与从前的非自我融为一体。例如，爱人会更加亲密，由两个独立的人构成一个整体，更可能会实现"你我一元论"的状态；创造者与其作品合二为一；母亲与孩子合二为一；鉴赏家与音乐、画作和舞蹈相互融合；天文学家也与天上的星辰融为一体（而非隔着一个天文望远镜，两个遥遥相望的单独个体）。

[①] 治疗师对此特别感兴趣，不仅因为整合是所有治疗的主要目标之一，也因为这种"治疗分裂"中涉及的那些有趣问题。要从洞察中进行治疗，就必须同时体验和观察。例如，精神病患者虽然完全处于体验之中，但并没有超然地去观察他的体验。尽管他可能正无意识地身处其中，但他无法感受到，这种体验并没有改善他的状态。治疗师也必须处在这种矛盾的分裂状态中，因为他必须同时既认可病人又不认可病人。也就是说，一方面，他要给予病人"无条件的积极的关注"，为了理解病人，治疗师必须与其同一，他要抛开一切判断和评价，他必须体验病人的世界观，他必须抱着"你我相遇"这样的态度与其交友，必须像上帝一般博爱病人，等等。然而，另一方面，他也在含蓄地否定、不接受、不认同等等，因为他在努力地改善并病人，使他比现在更好，这意味着让病人获得一些他现在没有的东西。这些治疗上的分歧是多伊奇和墨菲治疗的基础。

然而，就像对待双重人格问题一样，无论病人还是心理医生，他们的治疗目的就是让其成为和谐、不可分割的统一体。你也可以把它描述为变得越来越纯粹的自我体验。其中自我观作为一种前意识的可能性始终存在。在高峰体验中，我们的自我体验变得越发纯粹。

[②] 我意识到我使用的语言"暗含了"体验，也就是说，只有不压抑、不克制不否认、不畏惧自己的高峰体验的人，才会明白其中的意义。我相信，我们也可以与"没有获得高峰体验的人"进行有意义的交流，但这是非常费力和冗长的。

也就是说，同一性、自主或自我最大限度的实现，其本身也是一种自我超越，在自我之上或之外。人也会因此变得相对无我。[①]

3. 处于巅峰体验的人通常会觉得自己处于自己能力的巅峰，在最好和最充分的情况下施展他所有的能力。用罗杰斯的话来说，他感觉自己"充分发挥了全部才能"。他觉得自己比平时更聪明、更有洞察力、更风趣、更坚强、更优雅。他处于他的最佳状态，处于高效能状态，处于他的形态的巅峰。这不仅是他主观的感觉，观察者也能看到。他不再浪费精力去抗争和克制自己；不再与自身力量对抗。在正常情况下，我们的一部分能力会用在行动上，另一部分被浪费在抑制这些能力上。现在没有浪费；所有的能力都可以用于行动。他变得像一条没有任何堤坝阻碍奔涌向前的河流。

4. 充分发挥作用还有一个略微不同的含义：当一个人处于最佳状态时，他可以毫不费力地发挥作用。在其他时候需要努力、紧张和奋斗的事情，现在已经没有奋斗、工作或劳动的感觉了，而是"自然而然发生了"。这时，他会感到优雅并将这种优雅表现出来，只要一切"顺利""得心应手"或是"超常发挥"，就能随轻而易举、不费功夫地发挥作用。

① 我认为，如果把它称为完全丧失自我意识、自我感知和自我观察，就容易充分地表达其含义。正常情况下，我们都会有这种感觉。无论是心无旁骛、饶有兴趣、聚精会神、"超越自我"（无论是否处在高峰体验的高水平上），还是专心想着一部电影、小说、足球比赛，我们忘乎所以、忘了苦痛、不修边幅、将烦恼抛到脑后。其实，我们一向认为这是一种愉悦的状态。

这个时候，人从外表上看显得冷静、笃定和能力卓绝，仿佛他们清楚地知道自己在做什么，并且全心全意地做着，没有怀疑、没有含糊其词、没有迟疑、没有保留。不会偏离目标，也不会出手无力，而是击中要害。这样的行为品质在伟大的运动员、艺术家、创造者、领袖和行政人员在他们发挥最佳状态时就会表现出来。

（与之前所讲的相比，这与同一性概念没有那么明显的关联。但我认为它应该作为真实自我的一种附加现象性特征被包括在内，因为它更趋向外在和公开，从而易于研究。我还认为，要充分理解神一般的欢乐、幽默、乐趣、愚蠢、傻气、玩耍、欢笑，我认为这是同一性的最高存在价值之一。）

5. 处于高峰体验的人比其他时候更觉得自己是负责任的、活跃的、并处在他所创造的活动和感知的中心。他感觉自己更像原动力，更有主见（而不是由别人摆布的、坚定的、无助的、依赖的、被动的、软弱的、被指挥的）。他认为自己就能做主，完全负责、意志坚强，比平时具有更多的自由意志，掌握自己的命运。

他在观察者看来也是这样的，例如，他变得更果断，更坚强，更固执，能够藐视或否决不同意见更坚定地确信自己，常常给人留下谁也无法阻拦他的印象。现在，无论他决定做什么，他似乎对自己的价值和能力不再怀疑了。对观察者来说，他看起来更值得信赖，更可靠，值得放心托付。在治疗、成长、教育或婚姻中，常常能见到他变得负责的伟大时刻。

6. 他现在完全摆脱了障碍、抑制、拘谨、恐惧、怀疑、控制、保留、自我批评和防备。这些可能是价值感、自我接受感、自尊自爱带来的消极方面。这既是一种主观的现象，也是一种客观的现象，可以通过两种方式进一步加以描述。当然，这只是已经列出的特征和下面将要列出的特征的不同"方面"。

或许，这些事件在原则上是可检验的，因为客观地说，这些都是互相矛盾的，而非相辅相成的。

7. 因此他表现得更加主动、更善于表达、更单纯（坦诚、自然、诚实、耿直、直率、天真烂漫、不做作、没有防备），更加自然（质朴、放松、果断、坦率、真诚、真实、某种意义上的纯朴、直接），无拘无束，感情自然流露（不由自主冲动、条件反射般、"本能"、无拘无束、自我意识、无思想、无意识的）。①

8. 因此，从特定的意义上来说，他更具"创造性"（参考第十章）。由于拥有了更强的自信心并且没有怀疑，他的认知和行为就能够通过一种不干预的方式、道家的方式或格式塔派心理学者描述的灵活方式来塑造。这些认知和行为是基于内在的、"显露"的条件或要求（而不是以自我中心或自我意识为条件）并且其本质条件在于其任务、责任、事业（这是弗兰克所说的）或比赛。因此，他的人和行为更是即兴的、即席的、临时的、更多地凭空创造、更多的意外、新奇、新鲜不陈旧、不迂腐、不圆滑也不是出

---

① 真正的同一性的这个方面非常重要，有着很多弦外之音，并且很难描述也难以言传。因此我列出了以下同义词，这些词意思上略有重叠：无心，自愿，自由，不受强迫，不理智，不慎重，冲动，无保留，不隐瞒，自我揭露，坦率，直白，开放，不掩饰，不做作，直率，不迷糊，浑然天成，无忧虑，信任。这里先不谈"单纯的认知"、直觉以及存在性认知这几个问题。

于习惯。另外，在某种程度上，更少准备、计划、设计、预谋练习，不蓄意为之，这些词也包含着先机和筹划。因为这些认知和行为是新创造的，不是在之前创造出的，他们就会相对是并非被寻求的、无欲念的、非需要的、无目的的、非奋力以求的、"无动机的"或无驱力的。

9. 所有这些都可以用另一种方式来表达，即独特、个性或特质的极致。如果所有的人在原则上都不同，那么他们在高峰体验上的差异就更纯粹了。如果人在许多方面（他们的角色）是可以互换的，那么在高峰体验中，角色则渐渐消失，人们变得极少能互换了。无论他们出于什么样的根本目的，无论"独特的自我"这个词是什么意思，在高峰体验中，他们之间的差异更加凸显。

10. 在高峰体验中，一个人最能够活在当下，也最能抛开过去和将来，全神贯注于当下的高峰体验本身。比如，他在这个时候比平常更善于倾听。由于此时的他能够摆脱习惯和预期的牵绊，不受制约地去倾听，并且不受这种基于过去情况的期望的影响（与目前的情况不尽相同），也不受到希望或担忧的影响。它们建立在对未来规划的基础之上（这意味着只把现在作为通向未来的手段，而不是目的本身）。既然他也超越了欲望，他就不需要用恐惧、仇恨或愿望来贴标签。他更不必为了做出评价而比较此处有什么和没有什么。

11. 此时，高峰体验中的人的精神会变得更加纯粹，更不世故（详见本书第十三章）。也就是说，他愈发被内心的精神法则所支配，而非被非精神层面的现实法则所决定，因为它们是不同的。

这两种法则是不同的。这听起来像是一个矛盾或悖论，但其实不然。而且，就算矛盾，也应当得到承认，因为它具有某种意义。当一个人不干涉自我、不干涉别人，那么他最有可能对他产生一种存在性认知；自重自爱与尊重、热爱别人，二者是相辅相成的。

我能够通过"非掌控"的手法把握非我，也就是顺其自然、不去干预它，允许它按照自己的原则而不是我的规则去发展。这就像是我活出了纯粹的自我，摆脱非我，不听命于它的主宰、不愿按它的原则来生活，只按我本来的原则与标准生活。当这种情况发生时，结果是内在（我）与外在并没有巨大的差别，也并非相互对立。最后会发现，这两套原则都非常有趣，令人愉悦，甚至可以融合。

两个人之间存在爱的关系是帮助读者理解这个文字游戏最好的例证，但也可以用其他高峰体验来解释。显然，在这样的理想交流层面上（我称他为"存在范畴"），自由、自立、掌握、放手、信任、愿望、依恋、现实、别人、分离等等词汇都包含着复杂的含义，而在日常生活中的缺乏、欲望、需要、自我保护、分歧以及极端与分化这些匮乏领域中，这些词却没有这种意思。

12. 现在将无争无求看作是我们研究同一性的重点（或是结构的中心）具有某种理论意义。根据上面描述的各种方式以及某些很多界定的定义，特别是从匮乏性需要的角度来看，处于高峰体验的人变得没有动机（或没有动力）。在同样的讨论范畴里，将高度、真正的同一性描被述为无争、无欲、无求，也就是说，高峰体验超越了普通的需求和动力。他只是存在着，他已经达到了快乐的状态，这意味着对快乐的追求暂时告一段落。

我们已经对自我实现者进行了相应的描述。现在，一切都是自发的、倾泻而出、没有意志、毫不费力、毫无目的。此时，他可以全力以赴，不被匮乏性需要束缚，不是为了平衡或减少需求，不是为了避免痛苦、不快或死亡，不是为了将来的一个目标，不是为了任何别的目的，而只是为了自己。他的行为和体验变成是为其自身服务，是自我证实的，是目的行为和目的体验，而不是手段行为或手段体验。

在这个层面上，我称这个人和神一样。因为大多数的神都被视为无欲无求，完美无瑕的，他们对任何事情都会满意。那些"最高的""最好的"神的特性，尤其是他们的行为，都是基于"无欲"而推断出来的。我发现这些推论在试图理解人类因无欲而行动时非常引人深思。例如，我发现它们对于我们去理解那些类似于神的幽默和娱乐理论、无聊理论、创造性理论等，都是很有启发的。其实，人类的胚胎也没有欲念，这实际上可能是高级涅槃和低级涅槃易于混淆的根本原因，将在第十一章中探讨。

13. 高峰体验的表达和交流往往趋于诗意化、神话化和狂想化，似乎这是表达这种存在状态时自然而然就会用到的语言。我只是在最近才意识到我的研究对象和我自己存在这样的问题，所以暂且不过多探讨这个方面，只在第十五章中略有提及。同一性的内涵是一个人越是真实，那么他就会变得越像诗人、艺术家、音乐家和先知等等。①

14. 所有的高峰体验都可以充分地解读为大卫·列维所提出的"行为完成"或者格式塔派心理学家认为的闭合，或赖希所说的高潮，再或是完全释放、发泄、高潮、终结、清空或结束。与其形成对比的是那些尚未得到解决的持续性问题：像是乳房和前列腺没有完全排空，没有排泄干净，悲伤时无法哭泣，节食时处在半饥饿状态，厨房永远打扫不干净，性交时无法酣畅淋漓，愤怒无法表现出来，不能去锻炼的运动员，墙上歪歪扭扭的画没法摆正，面对愚蠢、低效和不公忍气吞声，等等。从这些例子中，任何读者都应该能够从现象学上理解完满状态是多么重要，并且进一步理解为什么这个观点对无争、整合、放松和其他已经发生过的事情有这样的裨益。完满可被看作尽善尽美、公正、美妙、结果，而不是手段。在一定程度上，外部世界与内在世界是同构的，二者存在辩证关系（"互为因果"）。因此，为何好人与美好的世界是相互成就的这一问题的答案就离我们远了。

高峰体验与同一性又有何关系？也许真正的人在某种意义上其本身就是完整的或是处在最终状态的；他肯定会在某些时刻经历主观的终结、圆满或完美；他一定有过这种感受。结果恐怕只有高峰体验者才能实现完全的同一，而非高峰体验者始终存在缺憾、不足、缺失，他们要时刻去争取，而不是处在一种终点状态。或者，如果这种关联并不完美，我可以肯定，至少在真实性和高

————————

① "诗歌是最快乐、最高尚的心灵的最美好、最幸福的时刻的记录。"——雪莱

峰体验之间有着正相关关系。

当我们考虑到身体和心理上的紧张和持续地处在不完满状态时，这似乎是合理的，它们可能不仅与宁静、平静和心理健康不相容，而且对于身体健康也是如此。我们也可以从这个令人困惑的发现窥破一丝玄机：许多人报告他们的高峰体验时都在某种程度上觉得这就像是（唯美地）死去，并且在最深刻的生活中也矛盾地盼着或情愿去死。在兰克的书中曾表达过这样的观点：完满或者完美的终结其实是对死亡的隐喻或是其在神话或古语中的表达。

15. 我非常强烈地感觉到，某种类型的愉悦是一种存在价值。我这么认为的部分理由在前面已经论及了。其中最重要的一点是在高峰体验中（无论是在人的内心还是在感知外部世界时）常常被提及，研究人员从体验者的外部行为中也可感知到这一点。

这种存在性的愉悦很难描述，因为在英语这门语言中缺乏这类词汇（总的来说，英语难以描述"更高层次"的主观体验）。这之中存在的广阔、神圣、愉快、诙谐等性质，无疑超越了各种敌意。我们可以先简单地将其称为幸福和喜悦、喜出望外或兴高采烈。它具有丰富、有余等充盈的性质（不是匮乏性动机带来的）。在这个意义上，这种特质出于存在主义，符合人的渺小（虚弱）和博大（强壮）的乐趣或快乐，超越了主宰与顺服这两个极端。快活肯定有着某种成功喜悦的性质。它有一种胜利的意味，有时也许也有一种解脱的意味。它既成熟又幼稚。

在马尔库塞和布朗所描述的意义上，它是最终的、乌托邦的、纯粹的、超越的。它也可以被称为是尼采式的。

从定义上来看，愉悦本质上是悠闲、不费功夫、优雅、好运、摆脱障碍、约束和疑问后的释然，和存在性认知在一起的乐趣，超越以自我和手段为中心的想法，超越时间、空间、历史、地域。

最后，愉悦本身是一个整合而成的概念，就像美，或者爱，或者创造性智慧一样。从这个意义上说，它是二分法的解决者，是许多无法解决问题的解决方案。这是对人类处境的一个很好的解决方案，它告诉我们解决问题的一种方式是对问题感兴趣。愉悦能让我们同时生活在缺失和存在这两个国度之中，既是堂吉诃德，又是桑丘·潘沙。

16.处于高峰体验和体验后的人们会特别感到幸运、受到恩赐、荣幸。一个常见的反应是"我不配得到这些。高峰体验不是计划好的，也不是设计好的；他们只是偶然发生的。我们"喜出望外"。惊喜、出乎意料、甜蜜的"认知震惊"是非常常见的反应。

心怀感恩是一个常见的结果。宗教人士对他们信奉的神明怀有感激之情，对其他人、对命运、自然、人类、对过去、对父母、对世界、对一切以及任何帮助使这一奇迹成为可能的事物怀有感激之情。感恩可以转化为敬拜、感谢、崇拜、赞美、奉献，以及其他很容易归入宗教框架的反应。显然，任何关于宗教心理，无论是超自然的还是自然的，都必然要考虑这些事件，任何关于宗教起源的自然主义理论也必须如此。

感恩的感觉常常被表达为或形成一种包容一切人或物的爱，

对世界美好和善的感知，往往表现为对世界做好事的冲动，一种回报的渴望，甚至是一种责任感。

最后，很有可能，我们在理论上将上文提到的谦虚和骄傲与自我实现、真正的人相联系。幸运的人很难完全相信他的运气，敬畏和感激的人也是如此。他一定会问自己，这是我应得的吗？这些人通过将骄傲和谦逊融合成一个单一的、复杂的、更高层次的统一体，即通过（一定意义上的）骄傲和（一定意义上的）谦逊来解决骄傲和谦逊之间的分歧。骄傲（掺杂着谦卑）不是傲慢或偏执；谦逊（掺杂着骄傲）不是受虐狂。只有一分为二，才会使它们变得病态。存在性感恩能够将英雄和谦卑的仆人整合为一体。

总结

我想强调一个主要的矛盾，我在上文（第二点）中论述过。即使我们不理解它，我们也必须面对。同一性的目标（自我实现、自律、个性化、霍妮笔下的真我、真实性等）似乎既是一个终极目标，也是一个过渡目标，是一种仪式，是同一性超越之路上的一步。这好像是说，它的功能就是消除自我。就其他方面而论，如果我们的目标是东方式的自我超越和湮灭，把自我意识和自我观察抛在脑后，与世界融合和认同（比克），与人共融（安吉亚尔），那么，对大多数人来说，达到这一目标的最佳途径似乎是实现同一性、塑造一个强大的真实自我，或是通过基本的需要满足，而不是通过禁欲主义。

可能还有一点是与这个理论相关的，我年轻的研究对象在高峰体验时倾向于报告两种身体反应：一个是兴奋和高度紧张（"我觉得很亢奋，喜欢跳上跳下，喜欢大喊大叫"）。另一种是放松，平和，安静，平静的感觉。例如，在一次美好的性体验、审美体验或创造性的狂热之后，两者都是可能的；要么是持续的高度兴奋，无法入睡，要么是不愿睡觉，甚至食欲不振，便秘，等等。我不知道这意味着什么。

第八章　存在性认知的一些危险

这一章的目的是纠正普遍存在的误解，即自我实现是一种静态的、不真实的、"完美"的状态，在这种状态中，人类所有的问题都得到了超越，人们"从此永远幸福地生活在"一种超人类的宁静或狂喜的状态中。正如我在前文指出的那样，从经验上来说，情况并非如此。

为了让这一事实更加清楚，我可以把自我实现描述为一种人格的发展，它使人摆脱了青年时期的匮乏性问题和神经官能症（或幼稚、幻想、庸人自扰、"虚幻"）。因此，他能够面对、忍受并解决生活中的"真实"问题（这是人内在的终极问题，不可避免的、迄今还没有完美解决方案的"存在性"问题）。也就是说，

119

它不是没有问题，而是从暂时或不真实的问题过渡到真正的问题。出于震慑的目的，我甚至可以讲自我实现者称为自我认可和顿悟的精神病患者。因为，这个词或许可以解释为"理解和接受人的本来面目"，比如勇于面对或承认，甚至对人性的"不足"自嘲，而不是一概否认。

这些实际问题，即便（尤其是）最成熟的人类，也会在未来面对，例如，真正的内疚，真正的悲伤，真正的孤独，健康的自私，勇气，责任，对他人的责任，等等。

当然，除了看到真相而不是欺骗自己的内在满足感之外，还有随着更高的人格进化而来的量（以及性质）上的改善。从统计学上讲，大多数人的罪恶感，与其说是真正的罪恶感，不如说是神经性的。从神经性罪恶感中解脱出来意味着，即使真正的罪恶感仍然存在，但罪恶感会减少。

不仅如此，高度发展的人格也有更多的高峰体验，而且这些体验是更加深刻的（即使这一点可能不大符合"执念"或阿巴顿式的自我实现）。也就是说，虽然作为更完整的人意味着仍然会有问题和痛苦（即使是一种"更高"的种类），但事实上，这些问题和痛苦在数量上会变少，而快乐在数量上和质量上会变大。总而言之，一个人达到了更高的个人发展水平，他在主观上就会过得更好。

我们发现自我实现者在一种特定的认知能力上比一般人更强，我称之为存在认知。这在第六章已经被描述为对事物、人或一切的本质、存在性、内在结构和动态以及当前存在的潜力的认识。

存在性认知与匮乏性认知或以人为中心和以自我为中心的认知形成了对比。正如自我实现并不意味着没有问题一样，作为自我实现的一个方面的存在性认知也存在一定的危险。

存在性认知的危险

1. 存在性认知的主要危险是不去行动，或者至少说是犹豫不决。存在性认知没有判断、比较、指责或评估。同时，存在性认知缺少决定，因为决定意味着准备付诸实践，而存在性认知是被动的沉思、欣赏和不干涉，也就是"顺其自然"。只要一个人凝视着癌症或细菌，对其心存敬畏、欣赏、好奇，或是被动地陶醉在这种丰富认知带来的喜悦之中，那么，他就会无所作为。愤怒、恐惧、改善现状的愿望、破坏或扼杀、谴责、以人为本的结论（"这对我不好"或"这是我的敌人，会伤害我"）都被搁置了。错与对，善与恶，过去与未来，都与存在性认知无关，同时对它也起不到任何作用。在存在主义的意义上，它不在世界中。这甚至也不是一般意义上的人性；它趋于神性，慈悲，不动，不干涉，无为。在以人为中心的意义上，它无关敌友。只有当认知转向匮乏性认知时，行动、决定、判断、惩罚、谴责、计划未来才成为可能。

那么，主要的危险在于存在性认知与行动在此时是不相容的。① 但是由于我们大多数时候生活在现实世界中，行动是必要的（防御或进攻的行动，或以旁观者的角度而不是以旁观者的角度看的自私为中心的行动）。从"存在"本身的角度来看，老虎（苍蝇、蚊虫或细菌）都有生存的权利；人也是如此。这就是一个无法避免的冲突。尽管在存在性认知上一个人是反对杀死老虎的，但出于自我实现的需要，必须要杀死老虎。也就是说，即使按照存在主义的观点，自我实现这一概念的内在性和必要性，也会存在一定的自私和自我保护意识，并且允许一定的暴力甚至是残暴。因此，自我实现不仅需要存在性认知，也需要匮乏性认知作为自身的一个必要方面。这意味着在自我实现的概念中必然涉及冲突、实际的决断和选择。因此，抗争、挣扎、争夺、不确定、愧疚和悔恨也是自我实现的必然带来的副产品。这意味着自我实现必须既要包括沉思也要包含行动。

现在，社会中可能存在一定的劳动分工。如果他人采取行动的话，静观者的确可以不去行动。我们不必一切亲力亲为就像我们不用为了吃牛排亲自去杀牛。戈德斯坦已广义地概括了这一点。这就像是他那些大脑受损的患者能够无忧无虑地生活，是因为有其他人在保护他们，代替病患做那些他们无法完成的事。对于一般的自我实现也是如此，至少在某种程度上得到了别人的默许和

---

① 在著名的奥兹实验中，或许可以发现类似的情况。刺激一只小白鼠大脑中的"愉快中枢"，小白鼠便立即一动不动，似乎很"享受"这种体验。因此在药物作用下，人的极乐感受往往也是安静且不活跃的。为了抓住正渐渐淡去的美梦记忆，最好是一动不动。（赫胥黎《天堂与地狱》）

帮助。（我的同事沃尔特·托曼在谈话中也强调，在一个专业化的社会中，全面的自我实现变得越来越不可能。）爱因斯坦，在他生命的最后几年是一个非常专业的人，他的自我实现得益于他的妻子、普林斯顿大学、朋友等等。也许，独自一人在一座荒岛上，他会有戈德斯坦所定义的自我实现（"在环境允许的情况下发挥自己的才能"），但不是专门化的自我实现。但也许他独自一人根本无法自我实现，也就是说，他可能已经死了，或者变得焦虑和自卑，或者他可能退回到匮乏性需要层面。

2. 存在性认知和沉思式理解的另一个危险是，它可能使我们不那么负责任，尤其是在帮助别人的时候。最极端的情况是对婴儿的不负责。对婴儿的"顺其自然"其实是阻碍了他的发展甚至是毁掉了它。我们也对非婴儿、成人、动物、土壤、树木、花朵负有责任。外科医生对着一个大肿瘤过于迷恋，可能会置患者于死地。如果我们欣赏洪水，就不建大坝。不仅深受"无为"之害的人，连静观者自己都认同这一点。因为他一定会为自己的静观和无为给别人带来的不良影响感到内疚（他一定感到内疚，因为他以这样或那样的方式"爱"他们；他爱他的"兄弟们"，这意味着关心他们的自我实现、他们的死或遭难却中止了他们的自我实现）。

这种困境的最好例子是老师对学生的态度，家长对孩子的态度，治疗师对病人的态度。我们从中很容易看出这种关系是属于其类别的关系。但我们也必须面对来自老师（家长、治疗师）所担负的促进成长的责任，也就是说他们会给我们带来很多难题，例如树立界限、纪律、惩罚，令我们不满，故意引起沮丧，唤起和让人忍受敌意，等等。

3. 行动的抑制和责任的丧失会导致宿命论，也就是说，"未来是什么样子的就会是什么样的。世界就是这样。它是确定的。我对此无能为力。"这是唯意志论和自由意志的沦丧，是一个坏的决定论理论，肯定对每个人的成长和自我实现都有害。

4. 不活动的静观几乎必然会被他人所误解。他们会认为这样是缺乏爱、关心和同情的。这不仅会阻止他们向自我实现的方向发展，而且可能会让他们在成长的斜坡上倒退，因为这可以"教"他们世事凶险、人心险恶。因此，他们对别人的爱、尊重和信任会消失。这意味着使世界恶化，对儿童、青少年和虚弱的成年人的影响尤其大。他们把"顺其自然"解释为忽视，或缺乏爱，甚至是蔑视。

5. 作为上述的一个特例，纯粹的静观包含不写作，不帮助，不教导。佛教徒们将修行之人与菩萨区别开来，前者只为自己达到开悟的警戒，而不管他人；后者虽已开悟，却觉得只要还有人没有开悟，自己的超度就不完美。为了实现自我，我们可以说，为了帮助和教导他人，他必须远离存在性认知的极乐世界。

佛陀的开悟纯粹是个人和私有的么？还是它也必须属于别人，属于世界？的确，写作和教育常常（不是始终）要放下极乐或狂喜。它意味着自己放弃天堂去帮助别人上天堂。禅宗教徒或道教徒是对的吗？《道德经》中有云："道可道，非常道；名可名，非常名。"（也就是说，既然体验它的唯一方式就是体验它，而且无论如何，语言永远无法描述它，因为它是不可言说的。）是这样么？

当然，双方都有正确的地方。（这就是为什么它是一个永恒存在、无法解决的困境。）如果我找到一片可以共享的绿洲，我是自己享受呢，还是带别人过去从而挽救他们呢？如果我发现约塞米蒂这个美丽的地方，它之所以美丽，部分原因是因为它安静，没有人烟。我是应该保留它，还是把它变成一个国家公园，让数以百万计的人前去游玩？由于人数众多，这么做会改变它的面貌，甚至毁了它。我是否应该和他人分享我的私人海滩，从而使它不私密？印度人尊重生命不愿杀生，他们把牛养肥，却放任婴儿大量死亡，这样做到底是对是错呢？在一个贫困的国家，一群饥肠辘辘的孩子看着我，我应该允许自己与他们分享多少食物呢？我也该忍饥挨饿吗？在这些问题上，没有一个好的、无瑕疵的、理论上的先验答案。无论给出什么答案，都会多少有些许遗憾。自我实现必须是自私的，也必须是无私的。因此，必须有选择、冲突和后悔的可能性。

也许，劳动分工原则（与个人体质差异原则相关联）能帮助我们找到一个更好的答案（但给不了圆满的答案）。在各种宗教的使命中，有些人感觉到这是"自私的自我实现"的召唤，有些人感觉到"从善的自我实现"的召唤，或许社会可以要求一些人成为"自私的自我实现者"，或纯粹的静观者，以作为支持（因而减轻内疚）。社会可能认为，这样的人是值得支持的，这样可以为他人树立良好的榜样，启示他人，证明世间的确存在真正的超脱尘世的静观者。我们支持那些伟大的科学家、艺术家、作家和哲学家，免除他们的教学、写作和社会责任等任务，这不仅是为了追求这种"纯粹"，也是在赌他们能否带给我们回报。

这样两难的困境反而将"真正的内疚"搞复杂了（弗洛姆所说的"人道主义的内疚"），我之所以称为"真正的内疚"，是为了与神经官能性内疚相区别。真正的内疚源自无法坦诚地对待自己、人生的宿命以及自我的内在本质。请参考莫勒和林德的著作。

但是，这时就会再面对一个问题，"在对自己坦诚，而不坦诚对待他人时，会产生什么样的内疚呢？"选择既是可能的，也是必需的。但是只有极少数的选择会让人满意。如果按照戈德斯坦教授所说的，你必须对他人坦诚相待；或者像阿德勒所言，社会利益是心理健康的一个内在的、决定性的方面，那么，当自我实现的人牺牲自己的一部分来拯救他人时，这个世界一定会感到惋惜。另一方面，如果你必须首先对自己诚实，那么这个世界一定会为那些未写的手稿、被丢弃的画作、以及那些我们本可以从那些不愿帮助我们的纯粹（自私）的冥想者那里学到的教训而感到遗憾。

6. 存在性认知可能会导致不加甄别地接受、普遍价值的模糊、鉴别能力的丧失和过分容忍。仅从每个人自身存在的角度看，所有人都认为自己是完美无缺的。评估、指责、评价、否认、鉴定、比较，这些全都对他们不适用而且与其无关。对心理医生、爱人、教师、父母、朋友来说，无条件地接受是必要条件，但对法官、警察或官员来说，仅有无条件接受是不充分的。

这里，我们已经认识到了这两种人际态度上隐含的两种必然矛盾。大多数心理医生都会拒绝管教和惩罚病人。对于那些被开除或者受到惩罚的人，很多总裁、管理者和将军也不愿意对其矫正或者承担人事责任。

　　对于所有人，他们都面临着这样的困境，那就是他们必须在不同时期切换其作为"治疗师"和"警察"的角色。我们也可能会认为，越是充满"人性"的人就越能认真地对待这两种角色，相较于普通人，他们会更深地受到这一困境的影响。对普通人而言，他们甚至都意识不到这一困境的存在。

　　也许正是因为这个原因，又也许是其他原因，在目前的研究中，自我实现者一般都能通过同情和理解把两种功能结合起来。而且，比普通人更有正当义愤的能力。有数据表明，相比普通人，自我实现者与心智更健康的大学生都能更真诚、毫不迟疑地表达他们的正当义愤。

　　除非用愤怒、指责、愤慨来补充人的理解同情，否则结果会让人变得冷漠，对人冷淡，无义愤能力，对真正的能力、技能、优势美德无法鉴别。对于那些专业的存在性认知者来说，这对其职业是有害的。如果，我们只浅显地从表面上判断这一普遍印象，那么很多心理治疗师在我们看来都过于中庸、消极、冷漠、冷静地处理社会关系。

　　7. 对另一个人的存在性认知相当于在某种意义上认为他是"完美的"，这很容易被他误解。我们知道，被无条件地接受，被完全地爱，被完全地认可，可以很好地增强和促进成长，具有很高的治疗和心理治疗作用。然而，我们现在必须意识到，这种态度也可能被误解为一种无法忍受的要求，以实现不真实和完美的期望。他越觉得自己不值得拥有和觉得自己不完美，就越会曲解"完美"和"接受"这两个词，他就越觉得这种态度是一种负担。

当然，"完美"这个词其实有两种意思，一种是属于存在范畴，另一种是匮乏范畴，在于奋斗和形成。在存在性认知中，"完美"的意思是真实地感知并接受一个人的全部。在匮乏性认知中，"完美"则意味着必然的错误的感知和错觉。在第一种意义上，每个活着的人都是完美的；在第二种意义上，没有人是完美的，也不可能是完美的。也就是说，我们可以把一个人视为存在性完美，但他或许以为我们认为他不完美，因此他当然会感到不安、自卑、愧疚，就好像他在骗我们。

我们可以合理地推断出这一点：一个人的存在性认知能力越强，他就越能够接受和享受被存在性认知的过程。我们还可以希望，这种误解可能常常会在完全理解和接受另一个认知者上带来微妙的策略问题。

8. 可能的超美主义是存在性认知所引发的最后一个策略问题，在这里我也想要谈一谈这个问题。对生活的审美反应，往往与现实以及对生活的道德反应之间存在着内在矛盾（形式与内容之间的早就存在的矛盾）。一种可能是把丑陋的事情描绘得很美。另一种是将真、善甚至美呈现得拙劣且毫无美感。（我们暂且不论把真善美用外在形式呈现出来是否有问题。）由于这种两难困境是一直

以来争论不休的问题，我这里只想要指出，它还涉及成熟的人的
社会责任问题，而不成熟的人可能会混淆存在性接受与匮乏性认
可。由于深刻理解而产生的关于同性恋、犯罪或不负责任的感人
而唯美的表述，可能会被误解为鼓励他人效仿。对于生活在一个
充满恐惧和容易被误导的世界中的存在性认知者来说，这是一个
需要承担的额外责任。

经验主义的发现

在我那些完成自我实现的研究对象身上，存在性认知与匮乏
性认知之间到底存在一种什么关系？他们是如何将静观与行动联
系起来的呢？虽然我当初没有用这种形式来思考这些问题，但是
我可以回顾一下我的印象。首先，如一开始所述，这些被试者的
存在性认知能力和纯粹的静观和理解能力远远高于一般人群。这
似乎是一个程度的问题，因为每个人似乎都有偶然的存在性认知、
完全静观和经历高峰体验。其次，他们同样更能付诸有效行动，
进行匮乏性认知。必须承认，这可能是在美国选择研究对象的一
种附带现象；甚至，这可能是选美国人作为研究对象这一事实的
副产品。总之，我必须说在我的搜寻过程中，我没有遇到像佛教
僧侣那样的人。第三，在我的印象中，绝大多数的"最完整的
人"在大量的时间里，过着我们所谓的普通人的生活，他们也去
购物，吃饭，保持优雅，看牙医，思考金钱，为买黑色皮鞋还是
棕色皮鞋纠结，看无聊的电影，读通俗文学。他们通常也会被无

聊的事情惹恼，被错误的行为震惊，等等，尽管这种反应可能不那么强烈，或者更多地带有同情心。高峰体验、存在性认知、纯粹的静观，无论它们的相对频率如何，从绝对数量上看，似乎都是非常特殊的经历，即使对于自我实现者也是如此。这似乎是真实情况，尽管更成熟的人在所有或大部分时间都生活在更高的层次上，例如，更清楚地区分手段和目的，深刻和肤浅；他们通常更清楚，更自然，更有表现力，与他们所爱的人有更深刻的联系，等等。

因此，这里提出的问题与其说是一个现实问题，不如说是一个终极问题；与其说是一个实际问题，不如说是一个理论问题。但这种困境之所以重要，不仅仅是因为理论上努力定义人性的可能性和限度。因为它们也滋生了真正的负罪感，真正的冲突，我们也可以称之为"真正的存在主义精神病理学"，我们必须继续与它们还有个人问题作斗争。

第九章　抵抗标签化

在弗洛伊德的概念体系中，"抵抗"指的是压抑的维持。但沙赫特尔已经表明，思想意识的困难可能有其他来源，而不是压抑。有些意识在孩子的成长过程中可能被简单地说成是"遗忘"了。我们对无意识的初始认知存在较弱的抵触，而对被桎梏的冲动、欲望或愿望存在更强的抵触，我也曾经试图区分这两者。这些新的研究和其他的研究表明，"抵抗"这一概念可能延展到表达"由于何种原因而实现洞察力的困难"（体质上的无能力除外，比如，智力缺陷、明显的退化、性别差异，甚至谢尔登式的体质决定因素）。

此处的论点是，在治疗情境中，造成"抵抗"的另一个原因可能是病人对标签化或随意分类的正常反感，因为这样会让其失去个体性、唯一性、有别于他人的特殊性以及特有的个性。

在之前的研究中（《动机与人格》第四章）把标签化描述为拙劣的认知，也就是说，实际上是一种不认知的形式，一种快速、简单的分类，它的作用是使更仔细、更具体的感知或思考所需要的努力变得不必要。正确地了解一个人比将他归为某一类会耗费更多的精力，至于后者，只要了解一个表明他属于哪一类的抽象特征就行了，比如说，婴儿、侍者、瑞典人、精神分裂症患者、女性、将军、护士，等等。标签化强调的是这个人所在的类别，他只是该类别中的一个例子，非个人本身，与其说是差异，倒不如说是相似性。

本书中已经注意到一个非常重要的事实，给他人贴上标签其实是一种冒犯行为，因为这否定了对方的个性，或不注意他的个性，不注意他与众不同的、独特的身份。威廉·詹姆斯在1902年发表的著名声明明确了这一点：

"智力对一个对象做的第一件事是将它与其他对象分类。但是，任何对我们极其重要并能唤醒我们的虔诚的事物，我们也觉得它必定是独一无二的。如果一只螃蟹听到我们毫不费力地把它当作甲壳类动物来对待，然后把它处理掉，它可能会感到非常愤怒。它会说'我不是这种东西，'我就是我自己，仅仅是我自己。"

作者在对于墨西哥人和美国人对男性与女性的概念的研究中就可以举出一个例子说明标签化会引发怨恨。大多数美国妇女，在初次来墨西哥后，发现他们如此重视女性是一件很愉快的事，无论走到哪里，都常常引起一片口哨声和惊叹，并受到各个年龄段的男人们的热切追求，认为她们漂亮、珍贵，她们对此十分欣喜。对于许多美国女性来说，她们对自己的女性身份常常是矛盾的，这是一个非常令人满意的体验，让她觉得自己更女性化，更乐于享受女性的身份，这反过来又让她们看起来更有女人味。

但随着时间的推移，她们（至少是其中的一些人）发现这并不那么令人愉快。她们发现，对墨西哥男人来说，任何女人都是有价值的，对于年老的女人和年轻的女人，漂亮的和不漂亮的，聪明的和不聪明的，似乎没有什么区别。此外，她们发现，与年轻的美国男性相反，墨西哥男性非常平静，太平静地接受了拒绝。（一个女孩说，"当你拒绝和美国男人出去时，他会受到很大的创伤，甚至不得不去看心理医生"。）他们好像不在乎被拒绝，转身便去追求另一个女人。但是，这意味着，一个特定的女人，她自身，作为个人，对男人而言没有特别的价值。男人所有的殷勤是献给女人的，不是献给她的，这表示所有女人都一样好，她可以被别的女人所替代。一个女人会觉得自己并不重要，重要的是"女人"这个身份类别。最后，她觉得被侮辱了，而不是受宠若惊，因为她希望能够作为一个个体的人被重视，为她自己，而不是为她的性别。当然，"女人"比"人"更具有优势，也就是说，这种女性地位要优先满足，但这种满足却使得个人的要求在动机系统中占据突出地位。持久的浪漫爱情、一夫一妻制和女性的自我实现，都是基于对某一个人的关注，而不是对其所在的"女人"这个类别的关注。

另一个关于因标签化而愤怒的常见例子是，当青少年被告知："哦，这只是你正在经历的一个阶段。你最终会摆脱它的"。对于这个孩子来说，悲剧性的、真实、独一无二的事物，哪怕其他千百万人都认为是已经发生和即将发生的事情，也不能因此嘲笑孩子。

最后一个例子：一位精神病医生结束了对一位准病人的简短而匆忙的第一次面谈，他说："你的问题大致是你这个年纪所特有的。"这个潜在的病人变得非常愤怒，后来报告说感到"被忽视"和被侮辱。她觉得自己好像被当成了小孩一样对待："我不是一个样本。我就是我，不是别人。"

考虑这些问题也可以帮助我们扩展经典精神分析中关于抵抗的概念。因为抵抗习惯上只被视为神经官能症的一种防御，一种对恢复健康或感知不愉快事实的抵抗，因此抵抗经常被视为不受欢迎的东西，需要克服和分析的东西。但正如上面的例子所表明的，被视为疾病的东西有时可能是健康的，或者至少不是疾病。治疗者在他的病人身上感到的困难是患者拒绝接受某种解释，他们的愤怒和反击，他们的固执，几乎可以肯定，在某些情况下，其实来自他们被贴上了标签。因此，这种抵抗可以被看作是对个人独特性、身份或自我的一种主张和保护，以免受到攻击或忽视。这种反应不仅维护了个体的尊严，还使他免于受到不良的心理治疗、照本宣科式的解释、"胡乱的分析"、过于理性或草率的说明或解释、毫无意义的概括或泛化。对于患者而言，这一切都意味着缺乏尊重。可以参考欧康纳对类似的治疗的论述。

渴望快速治疗患者的新手治疗师；死记硬背一套概念体系、认为治疗不过是灌输概念、"生搬硬套"的学生；缺少临床经验的理论家，刚刚才背熟费尼切尔的理论就对宿舍里的每个人声称自己属于哪个流派的本科生或研究生；这些人都是标签化者，这使得他们的患者不得不自我保护。哪怕是第一次接触，他们都会草率地发表如下一番论调，"你这是肛门性格""你只是想要控制他人""你是想跟我上床"，或是"你非常渴望跟你爸生个孩子"等等。[1]把这种典型、反对标签化的正当自我保护反应称作"抵抗"，

---

[1] 这种标签化的倾向（而不是使用具体的，特定的，以病人为中心的经验语言）肯定会变得强势，即使是最好的治疗师，在他们生病、疲劳、有心事、焦虑、不感兴趣、不尊重病人或者匆忙时，可能也会这么做。因此，它也可以帮助精神分析学家去自我分析"反移情"。

不过是滥用概念的又一个例子。

好在那些对治疗患者负责的医生表露了对标签化的反对。这个趋势其实可以从那些明智的心理治疗师对分类学、"克雷丕林型"或"州立病院"精神病学的普遍厌弃中看出来。这些标签化的过程中往往主要做的事或者说是唯一做的事情就是下结论，也就是将某人归为一个类别。但是经验告诉我们，这种下结论的方法更多的是法律和行政上的需要，而不是治疗上的需要。如今，哪怕是在精神病医院，人们都提高了认识，认为不存在教科书式的患者；员工会议上的诊断性陈述越来越长，越来越丰富，越来越复杂，不再是简单的贴标签。

现在人们认识到，如果主要目的是心理治疗的话，病人必须作为一个单独的、独一无二的人来对待，而不是作为一个类别中的一项来对待。理解一个人并不等同于对他进行分类或标签化。了解一个人是治疗的必要条件。

总结

人类经常憎恨标签化，这可以被他们认为是对他们的个性（自我身份）的否定。他们的反应可能是以各种方式重申他们的身份。在心理治疗中，这种反应必须被同情地理解为对个人尊严的主张，而在任何情况下，这些反应都是某些治疗引起的强烈反击。要么这些自我保护的反应不应该称作"抵抗"（从疾病防护策略意义上说），要么"抵抗"这一概念必须扩展到包括各种认知障碍在内。另外还要指出，这种抵抗是对糟糕的心理治疗极为宝贵的保护机制。①

---

① 这篇论文也可以被解读为对帮助治疗师和病人之间更好地沟通一般问题。好的治疗师的任务是将他学到的普遍知识运用到具体的案例中。他工作时所使用的概念框架在实验中可能丰富而有意义，但在概念形式上对病人却毫无用处。顿悟疗法不仅包括揭示、体验和分类无意识材料。在很大程度上，这项工作还包括将各种充分的意识但没有命名、因此不相关的主观体验纳入一个概念之下，或者，更简单地说，命名那些没有名字的经验。真正领悟的患者或许会有一种"恍然大悟"的体验，他们可能会说"天啊！我原来一直都讨厌我妈妈，我还以为我爱她呢！"不过，他也许不必借助无意识的材料也能领悟，比如，"这就是你所说的焦虑！"（指的是发生在胃、喉咙、腿、心上的这样和那样的体验，那些他十分清楚却又不曾说出的体验。）这样的思考应该有助于培训心理医生。

第四编

创造性

Toward a Psychology of Being

第十章　自我实现者的创造力

　　当我开始研究那些健康的、高度进化的、成熟的、自我实现的人时，我首先要改变我对创造力的看法。首先，我必须放弃此前的刻板印象，我曾认为心理健康、天赋、才能和创造力的意义是相同的。在我将要论述的某些特殊层面上，我的研究对象中，有很多人可以说是健康且富有创造力的。但从广义的理解来说，他们被当成是没有多少创造性的人。因为，他们既没有非凡的才华或天资，也不是诗人、作曲家、发明家、艺术家或有创造力的知识分子。同样明显的是，一些人类中最伟大的天才也实则不是心理健康的人，比如瓦格纳、梵高或拜伦。很明显的一点在于，有些天才心理健康，有些则不然。我很快就得出一个结论：伟大的天赋或多或少独立于善良或心理健康，而我们对此并不了解。例如，有证据表明伟大的音乐天赋和数学天赋更多依靠是遗传而不是后天习得。很明显，健康和特殊的天赋是两个独立的变量，其相关性甚微，甚至毫无关系。一开始，我们或许会承认，心理学对天才具有的特殊天赋了解甚少。对此我不必多言，在本书中我只是讨论一种更广泛的创造力，这种创造力是每个人一出生就会继承，与心理健康形成共变关系。

此外，我很快发现，我和大多数人一样，一直在从作品的角度思考创造性。其次，我下意识地将创造性局限于与人类努力相关的某些传统领域，并且下意识地认为任何画家、任何诗人、任何作曲家都在过着创造力的生活。理论家、艺术家、科学家、发明家、作家都是有创造力的。而其他人无法企及。不知不觉中，我认为创造力只是某些专业人士的特权。

但是，这些此前的印象被我所研究的各种研究对象所打破。例如，没有受过教育的一个贫穷女人，在家做全职主妇和目前，没有参与过任何这些传统的创造性的事情，但她却是一个了不起的厨师、母亲、妻子和家庭主妇。尽管没花多少钱，她就能把家里收拾得很漂亮。她是个完美的女主人。饭菜准备得丰盛可口，她对亚麻布、银器、玻璃、陶器和家具的品味无可挑剔。她在所有这些方面都是独创的、新奇的、有独创性的、令人惊喜、富有创意，我必须说她很有创造性。我从她和其他像她一样的人那里学到了一点，一流的汤比二流的画更有创意，而且，在通常烹饪、为人父母或打理一个家庭都是富于创造性的工作，但作诗则不一定，它可能是欠缺创造力的。

我的另一位研究对象投身于最常见的社会服务，包括包扎伤口、帮助被欺压的人。她不仅自己这么做，还组织他人一起来投身公益，这样的组织能帮助更多的人。

另外，还有一位心理医生，他只做"单纯的"临床工作，不写文章也不提出任何理论或者做科研，但他却乐此不疲地在日常工作中帮助别人塑造自我。他对待每一个病患都仿佛是对待世界上唯一的病人；不讲套话，没有预期，也没有预设；他质朴，纯真，却有着大智慧，很有几分道家的风范。每个病人都是独一无二的人，因此都是一个全新的问题，需要以全新的方式去理解和解决。他在一些非常困难的案例中取得的巨大成功，证实了他"创造性"的做事方式（而不采用是刻板的或所谓正统的方式）。还有一个研究对象让我学到了创建一个商业组织可以是一种创造性的活动。从一个年轻的运动员那里，我了解到一个完美的抢球可以像一首十四行诗一样具有美感，并且可以用同样的创造精神来完成。

有一次，我突然意识到，原先我想当然地认为一位优秀的大提琴手很有"创造力"（或许是因为我把她和有创造力的音乐联系在一起？抑或是和有创造力的作曲家联系在一起？）。但事实上，她演奏的曲目都是别人写好的。她不过是别人的"传声筒"，就像普通演员和"喜剧演员"也只是传递他人的创作。一个优秀的木匠、园丁或裁缝可能具有更为真实的创造性。因为几乎任何角色或工作都可能是有创造性的，也可能是无创造性的，所以我必须对每一种情况做出个人判断。

换句话说，我学会了将"创造性"这个词（以及"审美"这个词）不仅用在成果上，也用在人身上，用在活动、过程和态度上。此外，我知道要把"创造性"一词用在很多成果方面，而不应该应用在标准和传统意义上的诗歌、理论、小说、实验和绘画方面。

这样一来，我觉得很有必要区分开"特殊才能的创造性"和"自我实现的创造性"。后者大多从人格方面演变而来，在日常生活的事物中更常见，例如，某种幽默感。这就像是一种做任何事情都有创造性的倾向，比如家务、教学等。通常情况下，自我实现创造性的一个基本方面在于一种特殊的洞察力，寓言中的孩子看到国王没有穿衣服就是这样一个例子（这也与创造力只针对成果的概念相矛盾）。这样的人可以看到新鲜、质朴、具体、独特，也可以看到平凡的、抽象的、标签化的、分门别类的、分级的事物。因此，他们更多地生活在自然真实的世界中，而不是像大多数人那样将现实世界与由概念、抽象、期望、信念和刻板印象组成的用语言编织的世界混淆（《动机与人格》第 14 章）。罗杰斯将这一点很好地表达为"经验的开放性"。

我所有的实验对象都比普通人更有自发性和表现力。他们的行为更"自然"，更少控制和抑制。他们的行为似乎更简单而自由，不那么封闭，自我批评也较少。事实证明，这种不受限制、不畏嘲讽地表达想法和冲动的能力是自我实现创造性的关键部分。罗杰斯用了一个极好的短语"全面发展的人"来描述健康的这一方面。

另一个观察的结果是：自我实现的创造性在很多方面就像所有快乐且无忧无虑的孩子所具有的创造性一样。这样的创造性是自发的，毫不费力的，天真的，简单的，是一种摆脱刻板印象和陈词滥调的自由。这种创造性很大程度上由"纯真"的自由感悟、"纯真且不受约束"的自发性和超强表达力组成。几乎任何一个孩子都能很自由地感知，而不提前预期那里有什么、那里必须有什么或是这里通常有什么。几乎任何一个孩子都能创作一首歌曲、一首诗、一段舞蹈、一幅画、一场表演或一个游戏，不用事先计划或提前打算，而这些都是即兴的。

从这种天真的层面上来讲，我的研究对象可以说非常具有创造性。因为我的研究对象毕竟不是孩子们（他们所有人都是五六十岁的人），要想避免误会，我们暂且说他们保留了或是重获了两种主要的童真：不墨守成规或者说达到"经验开放性"以及能够轻易地做到自然而然，善于表达。如果说孩子们是天真的，那么我的实验对象就达到了"二次天真"，正如恩塔亚娜所说的"自我实现"那样。他们在感知和表达能力上天真无邪，同时又有着成熟的头脑。

无论如何，这一切听起来好像我们在讨论人性中内在的一种基本特征，这是人性中固有的，所有人或大多数人在出生时就被赋予了这样的潜力。但随着一个人逐渐适应了某种文化，这种潜力往往会消失、被埋没或被抑制。

我的实验对象另一个与普通人不同的特点是他们更有可能产生创造力。自我实现的人相对来说不被未知的、神秘的、令人迷惑的事物所惊吓，而且常常积极地被它所吸引，也就是说，有选择地把它们挑出来，去琢磨、去沉思、去钻研。这里我引用我写的一段描述（《动机与人格》第 206 页）："他们不会忽视未知，或否认、逃避、假装了解它。他们也不会过早地组织、区分或者将其标签化。他们不会依赖那些熟悉的事物，他们对真理的追求也不是因为对确定性、安全性明确性和顺序的极度需要。这正如我们在戈德斯坦的脑部损伤者或强迫性神经症患者那里所看到的夸张的例子那样。当整个客观情况需要他们时，他们可以是悠闲、混乱、草率、反常、无序、模糊、可疑、不确定、不明确、粗略、不精确或是不准确的（在科学、艺术或一般生活的某些时刻，这一切都是合乎需要的）。

"这样就产生了怀疑，犹豫不决，不确定，以及随之而来的决定暂缓的必要性，这对大多数人来说是一种折磨，但对一些人来说却是一种愉快的、刺激的挑战，是人生的高潮而不是低谷。"

我所做的一个观察，在多年以来都让我困扰，但是，现在逐渐明朗。这就是我所描述的自我实现者使用二分法来解决问题。简而言之，我发现有很多心理学家在认识许多对立和极性时都将其视为直线延续体，而我必须用不同的方式来看待它们。举个例子，我遇到的第一个二分法是我不能确定我的实验对象是自私的还是无私的（观察我们是如何不由自主地陷入非此即彼的选择中。这一种多另一种就少，这就是我提出这种问题暗含的意思）。但迫于事实的压力，我不得不放弃这种亚里士多德式的逻辑。我的实验对象在某种意义上非常无私，在另一种意义上也非常自私。这两者融合在一起，并不是不相容的，而是一种合理的、动态的统一或综合，非常像弗洛姆在他的经典论文中描述的"健康的自私"。我的研究对象将对立的事物放在一起，让我意识到把自私和无私作为矛盾和相互排斥的本身就是一个较低层次人格发展的特征。在我的研究对象中，还有很多其他分歧最后都归为一个整体，认知和意欲是相对立的（感性对理性，愿望对事实），最后则变成了由意欲"构成"的认知，正如直觉和理性得出同样的结论那样。职责变成了娱乐，娱乐和职责融为一体。工作和娱乐之间的区别变得模糊起来。当利他主义变成了自私的快乐时，自私的享乐主义怎么可能与利他主义对立呢？这些最成熟的人也有强烈的孩子气。这些人具有最强的自我，是最有个性的个体，同样是这些人，也可以是最易缺乏自我、自我超越和以问题为中心的人。（《动机与人格》232-234页）

但这正是伟大的艺术家所做的。他能够把相互冲突的颜色，相互斗争的形式，各种各样的不和谐，组合在一起，形成一个统一整体。这也是伟大的理论家所做的，当他把令人困惑的，不一致的事实放在一起时，我们可以看到它们确实是相互契合的。对于伟大的政治家，伟大的治疗师，伟大的哲学家，伟大的父母，伟大的发明家来说也是如此。他们都是整合者，能够把分离的甚至对立的东西整合到一起。

我们在这里说的是整合的能力，个人反复整合的能力，及其将所做的所有事都整合在一起的能力。创造性是建设性的，综合的，统一的，整合的，在某种程度上，它部分地依赖于人的内在整合能力。

在我试图弄清楚这一切的原因时，我觉得这在很大程度上是由于我的研究对象相对没有恐惧。显然，他们较少地被某些文化同化；也就是说，他们似乎不那么害怕他人的自我实现、他人提出的要求或是来自他人的嘲笑。他们对他人的需要更少，因此对他人的依赖更少，对他人的恐惧和敌意也更少。然而，最重要的一点在于，他们不畏惧自己的内心、冲动、情感和想法。他们比一般人更能自我接受。这是一种在他们内心深处对自我的认可和接受，使他们更有可能勇敢地感知世界的真实本质，也使他们的行为更自发（更少的控制、抑制、计划、"意图"和设计）。他们不那么害怕自己的想法，即使他们是"疯癫"、愚蠢或疯狂的。他们不那么害怕被他人嘲笑或是否定。他们可以让感情自然流露。相比之下，普通人和神经官能症患者会因为恐惧而隔离自己，而这种恐惧大多来自他们自己。他们控制、约束、抑制和压制自己。在更深的层次上，其实他们并不认同自我，也不希望他人这么做。

　　实际上，我要说，我的研究对象的创造力似乎就是他们更大整体和整合的附属品，这就是自我接受包含的意思。在普通人内心深处的力量与防御和控制力量之间的冲突，对于我的研究对象来说得到了解决。因此他们很少会出现分裂。结果，他们更多的自身力量可以拿来使用、享受和创造。他们浪费更少的时间和精力来保护自己免受伤害。

　　正如我们在前几章中看到的，我们对高峰体验的了解支持并丰富了这些结论。这些也是整合的，这些经验在某种程度上，与感知世界的整合是同构的。在这些体验中，我们也发现对经历的开放程度以及自发性和表现力的增强。而且，由于这种在人内心中的整合性的一个方面在于承认我们更深层的自我以及更大的自我价值，这些创造性的深层根系就会变得更多，可以为我们所用。

初级、次级和整合的创造性

经典的弗洛伊德理论对我们的目的没有多大用处，甚至部分地与我们的数据相矛盾。它本质上是（或曾经是）一种本我心理学，一种对本能冲动及其变迁的研究。而且，人们认为，弗洛伊德的基本辩证逻辑说到底是跟冲动和抑制冲动有关的。但是，要理解创造力的来源（以及玩耍、爱、热情、幽默、想象和幻想），比压抑的冲动更为重要的是所谓的初级过程。这一过程的根本在于认知而非意欲。一旦我们把注意力转向人类深层心理学的这一方面，我们就会发现精神分析的自我心理学（克里斯、米勒、艾伦茨威格、荣格心理学）和美国自我成长心理学之间，存在很多一致之处。

一个普通的、有常识的、适应能力强的人的正常调整，意味着他成功且持续地拒绝了人性深处的许多东西，包括意欲和认知。适应现实世界意味着人的分裂。这就意味着，人要违背他们很多自我的初衷，因为这很危险。但现在很清楚的是，他这样做的话也失去了很多，因为这些人性的深度也是他所有快乐的源泉，也是他去娱乐、去爱、去大笑这些能力的源泉。于我们而言，有一点最为重要，那就是创造力。为了保护自己而去反对自我内部的地狱，结果也将自己与自我内部的天堂相割裂。在极端情况下，我们就会强迫自我，我们会变得没有生气、严格、死板、冷酷、克制、谨慎，我们也就不会笑、不会玩、不会爱、不会傻乎乎、不会相信他人也不能保有孩子气。

　　作为一种治疗方法，精神分析的最终目标在于整合。我通过顿悟来治愈基本的分裂，这样被压抑的东西就会变成意识的或前意识。但是在这里，我们可以通过研究创造性的深层来源来进行调整。我们与初级过程的关系跟我们与不被接纳的愿望的关系并不相同。我能发现的最主要的区别在于我们的初级过程并不像遭到禁止的冲动那样危险。在很大程度上，初级过程并未被抑制或限制，它们只是被"遗忘"、被放弃或者被压抑住（而非被压制住）。这是因为我们必须做出调整才能适应严酷的现实，而这个现实要求有目的的和实用主义的努力，而不是空想，或是只关心诗词歌赋和玩乐。也可以这么说：在一个富裕的社会里，对于初级思想过程的抵制肯定要少得多。众所周知，其实通过教育过程减缓对本性的压抑是无济于事的，但是在接受和整合初级过程中，教育为意识和前意识起到了很大的作用。从原则上来说，在这个方向上，艺术、诗歌、舞蹈相关的教育可以大有可为。它对于动力心理学的作用也是如此。例如多伊彻和墨菲的"临床访谈"使用的就是初级过程语言可以将其视为一种诗歌。马里恩·米尔纳的佳作《论无法绘画》也对我的观点提供了绝佳的支持。

　　要想了解我现在一直讲的这种创造力，即兴创作是最好的例子，就像爵士乐或孩子的绘画，而不是那种所谓的"伟大"的艺术作品。

　　首先，伟大的工作需要伟大的才能，正如我们所看到的，这与我们的关切无关。第二，伟大的作品不仅需要闪光、灵感、高峰体验；它还需要艰苦的工作，长期的训练，无情的批评，完美的标准。换句话说，自然的反应之后就是深思熟虑；完全接受之后，随之而来的是批评；知觉之后，需要严谨的思维；在大胆之后，需要谨慎；幻想和想象之后，需要对现实思量。那么我们现在就面对以下这些问题："这是实际情况么？""对方能理解吗？""它的结构健全吗？""它经得起逻辑的检验吗？""在现实中它是怎么样的呢？""我能证明吗？"等等。这时，比较、辨别、评估、冷漠、事后盘算、选择、拒绝就会随之而来。

我或许可以这样说，现在次级过程代替了初级过程，理性替代了非理性，"阳刚"替代了"阴柔"。自愿回归到我们深处的过程现在已经结束了，灵感或高峰体验的必要被动性和感受性现在必须让位于行动、控制和努力奋斗。在一个人的身上，高峰体验是偶然发生的，但人可以创作出伟大的作品。

严格地说，我只研究了第一个阶段，这个阶段是容易且不费力的，它是一个完整的人自发的表达，或是人内心中的短暂统一。只有当一个人的内心深处触手可及，只有当他不害怕自己最初的思维过程时，才会到达这个阶段。

我将称之为"初级创造力"，它来自并使用于初级过程，而不是次级过程。而主要基于次要思维过程的创造力，我称之为"次级创造力"。"次级创造力"涵盖了世界生产成果很大一部分，包括桥梁、房屋、新型汽车，甚至还包括很多科学实验和文学作品。所有这些本质上都是对他人思想的巩固和发展。它类似于特种兵和宪兵的区别，类似于拓荒者和定居者的区别。那种良好地融合并演替了这两种过程并且轻而易举地就能将其完美运用在这两个过程之中的创造力被我称为"整合创造力"。正是这种"整合创造力"衍生出了伟大的艺术、哲学和科学作品。

总结

我认为，所有这些发展的结果可以被总结为在创造性理论中日益强调整合（或自我一致性、统一性和整体性）的作用。将分歧转化为一个更高级的、包容性更强的统一体，相当于治愈了一个人的分裂，使其更加统一。因为我所说的分裂存在于人的内心，它们相当于一场内战，一个人的一部分反对另一部分。在任何情况下，就自我实现创造性而言，它似乎更直接地来自初级和二级过程的融合，而不是通过禁止冲动和愿望，实现压抑的控制来实现。当然，由于害怕这些被禁止的冲动而产生的防御，也有可能是把初级过程压低到有关所有深度的斗争中，这种斗争是全面的不加以区别的，且令人恐慌。但似乎这种缺乏区别的情况并不属于原则需要。

综上所述，自我实现创造性首先强调人格而非成就，毕竟这些成就不过是人格产生的附带现象，所以相较于人格，成就总是排在第二位的。自我实现的创造性强调的是性格特质，比如大胆勇敢、自由、自发性、明晰、整合和自我接受，所有这些特质使得自我实现的广义创造性变为可能，表现为创造性的生活、态度和个人。我还要强调自我实现创造性的表现或存在的质量，而不是解决问题或产品制造的特性。自我实现的创造性是呈现"发散形态",向外辐射,它会影响到生活的方方面面,这与问题无关,就像是一个快乐的人会没有目的、没有计划,甚至无意识地将快乐"发散出去"。这样的发散就像是阳光一般,将光线洒向每一个地方,并且能够使(能够成长的)万物生长。而当照射在石头或者其他无法成长的东西上,也就只能算是浪费了。

最后,我很清楚,我一直在试图打破被广泛接受的创造力概念,但我也无法提供一个很好的、明确定义的、清晰的替代概念。自我实现的创造性很难定义,因为有时它似乎是健康本身的同义词,正如莫斯塔克斯所指出的。由于自我实现或健康最终必须被定义为最完整的人性的实现,或是人的"本性"。这样一来,自我实现的创造力与基本人性是等同的,或者等同于本质人性的一个必要的方面,或一个确定的特征。

Toward a Psychology of Being

第十一章　心理学数据与人的价值

　　千百年来，人道主义者一直尝试构建一个自然主义的心理学价值体系，这个体系可以源于人的本性，而无需借助人自身以外的权威。历史上已有很多这样的理论。与其他理论一样，它们都因为不能满足大规模现实用途而失败。当今世界上的无赖和过去一样多，而精神病患者可能前所未有地多。

　　这些不完备的理论大多数都基于各种心理学假设。根据最近所获得的知识可知，现在几乎所有理论都被证明是错误的、不完备的、不完整的，或在其他方面有所欠缺。但我相信过去几十年来，心理学科学与艺术的某些发展让我们第一次有可能确信，只要我们足够努力，这个古老的期望就可能会实现。我们知道如何批评旧理论；即使模糊，但我们知道未来理论的形态，最重要的是，我们知道为了填补知识空白，我们应该朝哪儿看，要做些什么，这将允许我们回答那些古老的问题，"什么是美好的生活？什么是好人？如何教导人们渴望和偏爱美好的生活？怎样将孩子培养成健全的成年人？等等。"也就是说，我们认为科学的伦理道德可能行得通，并且我们认为我们知道如何去构建它。

接下来我们会简单讨论一些有价值的证据和研究，以及它们与过去和未来的价值理论的关系，同时讨论我们在近期必须在理论和实践上取得的进展。比较安全的做法是判断它们的可能性大小，而不是对它们作出肯定的判断。

自由选择实验：自我调节

大量实验表明，如果给动物提供足够多的可供它们自由选择的选项，那么各种动物都具有选择一种有益的饮食的普遍的天生能力。这种身体的智慧通常在不太寻常的条件下得以保留，例如，切除肾上腺的动物可以通过调整他们的自选饮食来维持生命，怀孕的动物会很好地调整它们的饮食以适应胚胎发育的需要。

现在我们知道这绝不是一种完美的智慧。比如食欲在反映身体对维生素的需要方面效率较低。相比高等动物和人类，低等动物能更有效地保护自己不受毒物侵害。之前形成的偏好习惯可能会掩盖现在代谢的需要。最重要的是，在人身上，特别是在精神疾病患者的身上，各种力量都会损害这种身体的智慧，尽管这种智慧似乎从未完全消失。

正如著名的自我调节实验所表明的那样，这一原则不仅适用于食物的选择，还适用于其他各种身体需要。

很清楚的是，所有有机体的自我管理、自我调节以及自治的能力，都比我们25年前想的要强。有机体值得被充分信任，并且我们也逐渐知道，在食物的选择、断奶的时间、睡眠量、如厕训

153

练的时间、活动的需要以及其他许多方面，我们要信赖我们孩子的内在智慧。

但最近我们了解到，特别是从身体疾病患者和精神疾病患者身上了解到，选择者有好与差之分。特别是在精神分析学家身上，我们了解到很多这些行为的隐藏原因，并学会去考虑这些原因。

在这方面，我们有一个惊人的实验，这个实验对价值论有着重要的意义。在被允许自主选择饮食的条件下，不同的鸡选择对自己有益的食物的能力大有不同。比起差的选择者，好的选择者变得更壮、更大、更强势了，这意味着它们得到的都是最好的。如果强迫差的选择者吃好的选择者挑选的食物，就会发现差的选择者现在也变得更壮、更大、更健康也更强势了，即使它们永远达不到好的选择者的水平。也就是说，好的选择者可以更好地为差的选择者挑选对它们有益的食物。如果在人类身上也有类似的实验结果（我认为会有的，因为我们有大量支持的临床数据），那么我们将迎来各种理论的重建。就人类价值论而言，如果理论仅仅停留在统计描述未经挑选的人的选择上，那么任何理论都是不完备的。将好的选择者和差的选择者、健康的人和患者的选择平均下来是没用的。只有健康人的选择、品味和判断，才能告诉我们什么是对人类长期有益的东西。精神病患者的选择通常可以告诉我们什么有助于保持神经稳定，脑部受伤的人的选择对于任何防止灾难性的崩溃是有帮助的，一个切除了肾上腺的动物的选择可能会保证它活着，但它的选择会杀死一个健康的动物。

我认为，这是使大多数享乐主义价值论和伦理学理论沉没的暗礁。不能将疾病刺激的快乐与健康的快乐平均计算。

此外，正如谢尔登和莫里斯表明的那样，无论是对鸡和老鼠还是对人来说，任何伦理准则都将必须处理体质差异这一事实。有些价值是所有（健康的）人所共有的，但也有一些价值不会是所有人共有的，而只是某些类型的人特有或是特定的个人所拥有的。我所说的基本需要可能是全人类共有的，因此，它们是共有的价值。但是特殊的需要会产生特殊的价值。

个体的体质差异在与个人、与文化以及与世界的关系上产生偏好，也就是产生价值。这些研究用个体差异支持临床医生的普遍经验，并得到这些经验的支持。民族学资料也是如此，这些资料假设每种文化选择剥削、压制、认可或反对来理解文化多样性，这是人类体质的可能性范围中的一小部分。这都与生物学数据和理论以及自我实现理论相一致，它们表明器官系统迫切表达自己，也就是发挥功能。肌肉发达的人喜欢也必须运用自己的肌肉来自我实现，并达到和谐、无拘束、功能令人满意的主观感受，这是心理健康的一个很重要的方面。高智商的人必须运用他们的智商，有眼睛的人必须使用眼睛，有能力爱的人为了感到健康，会有去爱的冲动，有爱的需要。能力强烈要求被使用，只有在它们被充分使用时才会停止抗议。也就是说，能力就是需要，因此也就是内在价值。能力不同，价值也就不同。

基本需要与它们的层级安排

现已充分证明，作为人内在结构的一部分，人不仅有生理需要，还有心理需要。这些需要可能会被认为是种匮乏，为了避免疾病和主观上的不适，环境必须让这些匮乏得到很好的满足。这种需要可以被称为基本需要或者生物需要，就像是对盐、钙或是维生素 D 的需要，因为：

a）缺失者执着地渴望满足需要。

b）缺失的东西让他们生病，变得衰弱。

c）满足需要对他们的健康有益，可以治疗匮乏症。

d）稳定的供给可以预防这种疾病。

e）健康的（满足的）人不会表现出这种匮乏。

但这些需要或者价值，都按照力量和优先权的顺序，以层级和发展的方式相互关联。安全是一种比爱更占优势或者更强、更迫切、更重要的需要，例如，对食物的需要通常比任何事情都强。此外，所有这些基本需要都可能被认为是通往一般自我实现的道路上简单的步骤，所有的基本需要都会被囊括。

通过考虑这些数据，我们就可以解决很多哲学家纠结了几个世纪却依然无果的价值问题。首先，似乎人类有一个单一的终极价值，一个所有人为之奋斗的遥远的目标。不同的作者叫法不同，例如自我实现、自我完善、整合、心理健康、个性化、自主、创意、生产力等等，但他们都同意这个终极目标相当于实现人的潜能，也就是成为一个完整的人，成为他可能成为的一切。

但确实，自己不会知道这一点。我们这些心理学家不断观察和研究，构建出这个概念来整合和解释各种不同的数据。就他个人而言，他只知道他需要爱，并认为如果得到了爱，他就会永远幸福满足。他事先不知道，在满足之后他将要继续努力，不知道满足了一个基本需要后，意识会被另一种"更高"的需要所支配。就他自己而言，等同于生命本身的绝对的终极价值，是在特定时期里支配他的需要，是层级中的任何一种需要。因此这些基本需要或者基本价值，可能既被当成是终点，也会被当作是朝向单一的终极目标的步骤。确实存在一个单一的终极价值或者生活的终点，并且我们的确有一个有层级的、发展的、相互关联复合的价值系统。

这也有助于解决存在和成为之间明显的矛盾。的确，人类为了终极人性不断地努力奋斗，这本身可能就是另一种成为和成长。仿佛我们注定永远要试着去到达一个我们永远达不到的境界。所幸，我们现在知道事实并非如此，或者至少知道它并非仅仅如此。还存在着另一个与之整合的真理。因为好的成长，作为回报，我们一次又一次地得到短暂的绝对存在和高峰体验。满足基本需要给我们带来很多高峰体验，每一次都是绝对愉悦、自身完善、不需要自身以外的东西来检验生活。这就像不需要生命尽头某一处的上方存在天堂这一观念。可以说整个生命过程中天堂都在等着我们，我们随时可以步入天堂，在里面待一会儿，享受一下，然后又不得不回到我们日常奔波的生活中。只要我们到过天堂，我们就会永远记得它，用回忆滋养自己，还可以在疲惫的时候给予我们力量。

不仅如此，每时每刻的成长过程本身，在绝对意义上也是值得的、令人愉快的。即使不是险峰般的高峰体验，那至少也是山丘般的高峰体验，是绝对的、自我肯定的喜悦的闪现，是存在的短暂瞬间。存在和成为并不矛盾，也并不相互排斥。靠近和达到本身都是值得的。

在这里我需要阐明，我想区分前方（成长和超越）的"天堂"和后面（倒退）的"天堂"。"高级的涅槃"与"低级的涅槃"非常不同，即使大多数临床医生都将两者混淆了。

自我实现：成长

我在别处发表了一篇调查报告，关于迫使我们朝着健康成长概念或自我实现倾向的方向发展的所有证据。在某种意义上这是一种演绎性的证据，指出人类的许多行为都是没有意义的，除非我们假设这样一个概念。正是基于同样的科学原理，才发现了迄今尚未被发现的行星，为了使许多其他观测数据有意义，这颗行星必须存在那里。

也有一些直接证据或者是直接证据的开端，需要更多的研究进一步确定。据我所知，唯一一个关于自我实现者的研究就是我做的，在考虑到已知的样本误差和投射等陷阱时，只依赖一个人的一个研究是非常不可靠的。然而，这个研究的结论与罗杰斯、弗洛姆、戈德斯坦、安吉亚尔、默里、莫斯塔卡斯、布勒、霍妮、荣格、那丁等其他很多人的临床和哲学结论高度一致，假设如果未来的研究不会根本地反对我的结论的话，我会继续研究下去。我们现在可以断言，至少有一个理性的、理论的、实践的案例证明，人的体内存在一种朝一个方向成长的倾向或需要，这种倾向或需要通常可以被概括为自我实现或心理健康，也可以具体总结为朝自我实现的每一个和所有子方面成长，也就是说，他有一种内在的压力，这种压力朝向人格统一、自发的表达、完整的个性和认同感、看清真理不盲目、有创造力、善良等方面。也就是说，人类就是如此构造的，他朝着成为越来越完整的存在而努力，这意味着朝着大多数人所称之的好的价值而努力，朝着平和、仁慈、勇敢、诚实、爱、无私和美德而努力。

虽然数量不多，但我们可以从对高度进化、最成熟、心理最健康的个体的直接研究中，以及对普通个体在高峰时刻暂时自我实现的研究中，学到很多价值的知识。因为在非常现实的理论和实践上，他们是最完整的人。例如，他们是保留并发展人类能力的人，特别是那些定义人类并将人类与猴子区分开的能力。（这与哈特曼对同一问题的价值论方法一致，将好人定义为具有更多定义"人类"概念的特征的人。）从发展的角度看，他们进化更完整是因为他们不依恋于不成熟或者不完整的成长层次。这并不比分类学者选择蝴蝶的类型标本，或者医生选择身体最健康的年轻人更神秘、更先验或更切题。他们都在寻找"完美、成熟或壮丽的样本"作为标本，我也是如此。原则上，一个程序和其他程序一样可重复。

完整的人性不仅可以用"人"这一概念的定义的实现程度来定义，即物种规范。它还可以有一个描述性的、分类的、可度量的、心理学的定义。从一些研究的开端和无数的临床经验中，我们现在已经有了一些关于完全进化者和健康成长者的特征的概念。这些特征不仅是可以客观描述的，而且在主观上是有意义的、令人愉悦的和有强化作用的。

健康者样本的客观可描述和可衡量的特征包括：

1. 更清楚、更高效地感知现实。

2. 更能接受经验。

3. 增强了自身的整合、完整性和统一。

4. 增强了自发性和表现力；全面运转；有生气。

5. 真实的自我；坚定的认同感；自主，独特性。

6. 增强了客观性、超然、超越自我。

7. 恢复创造力。

8. 融合具象和抽象的能力。

9. 民主的性格结构。

10. 爱的能力，等等。

所有这些特征都需要经过研究的证实和考察，但很明确的是

这种研究是可行的。

此外，对自我实现或朝着自我实现的良好成长有主观的肯定或强化。这就是生活中的热情、幸福或狂喜、平和、快乐、冷静、责任感和相信有能力处理压力、焦虑和问题的自信。自我背叛、固恋、倒退、靠恐惧而不是成长生活的主观迹象，是焦虑、绝望、厌烦、无法享受、内在的内疚感和羞耻感、漫无目的、空虚感、缺乏认同感等。

这些主观反应也能经受研究探索。我们有可供研究它们的临床技术。

我断言（在有可能从各种可能性中作出真实选择的情境中）可以将自我实现者的自由选择，作为一种自然主义价值体系来进行描述性研究，并且观察者的期望绝对与之无关，也就是说，它是"科学的"。我不会说"他应该选择这个或那个"，我只会说"被允许自由选择的健康人被观察到选择了这个或者那个"，这就像在问"最好的人的价值是什么？"，而不是问"他们的价值应该是什么？"或者"他们应该成为什么样的人？"（将这个观点与亚里士多德的信仰做对比，他认为"对一个好人来说有价值的和愉悦的东西，才是真正有价值的和愉悦的事情"）。

此外，我认为这些结论可以推广到大多数人身上，因为在我（和其他人）看来，好像大多数人（有可能是所有人）都倾向于自我实现（这一点在心理治疗的经验，特别是揭露性治疗中看得最清楚），并且好像至少在原则上，大多数人都有能力做到自我实现。

如果各种现存的宗教信仰可能被视为是人类志向的表现，也就是说，如果可能的话人们想成为什么，那么我们在这里也可以看到一种证实，那就是所有人都渴望自我实现或者倾向于此。这就是因为，我们对自我实现者的实际特征的描述，在很多时候都与宗教信仰主张的理想是类似的，例如，超越自我，真、善、美的融合，为他人作出贡献，智慧，诚实与自然，超越自私与个人动机，放弃"低级"欲望而选择"高级"欲望，轻松区分目的（平静、平和、和平）和手段（金钱、权力、地位），减少敌意、残忍和破坏，更加友好、善良等等。

1. 从所有自由选择实验、动态动机理论的发展以及心理治疗的调查中，得出了一个极具革命性的结论，并且其他任何大文化都没有得出这样的结论，即我们最深层的需要本身并不是危险、邪恶或是恶劣的。这打开了解决人内部分歧的前景，也就是克制与放纵、古典与浪漫、科学与诗意、理智与冲动、工作与玩乐、语言与未成形的语言、成熟与幼稚、阳刚与阴柔、成长与倒退之间的分歧。

2. 与我们人性哲学上的这一变化并行的主要社会现象，是倾向于将文化看作是一种满足、阻止和控制需要的工具，并且这种观点在快速生长。作为地方主义，我们现在可以拒绝这个几乎普遍的错误，即个人利益与社会利益必然是相互排斥和相互对立的，或者文明主要是一种控制和管制人类的类本能冲动的机制。所有这些古老的公理都被新的可能性消除了，即健康的文化的主要功能被定义为促进普遍的自我实现。

3. 在体验中产生的主观快乐，对体验的冲动或渴望，以及对体验的"基本需要"（长远来看这对自身有好处），只有在健康的人身上才有好的相关性。只有这类人一致渴望对自己和其他人有益的东西，并且可以全心全意地享受它、赞同它。从自我享受的意义上说，对于这种人，品德就是他们自己的回报。他们自发地倾向于做对的事情，因为这是他们想做的，是他们需要做的，也是他们享受的、认同的并且会继续享受的事。

正是这个联合体，这种积极的相互联系的网络，会随着人患上心理疾病而崩溃分离并产生冲突。他想做的事情可能会对他有害；即使他做了，他也可能不享受，即使他享受，他同时也可能不认同这件事，所以这样的享受本身可能就是有毒性的，或者可能迅速消失。他一开始享受的东西可能到后来就不享受了。他的冲动、欲望和享受就会成为生活的不良指导。相应地，他也一定会怀疑和害怕那些使他误入歧途的冲动和享受，于是他陷入冲突、分裂和犹豫之中；总之，他陷入了自我斗争中。

就哲学理论而言，许多历史难题和矛盾都因这一发现而得到解决。享乐主义理论对健康的人确实有效，但对患者却无效。真、善、美确实有一定的联系，但也只有在健康人身上才有强烈的相关性。

4. 在一些人身上，自我实现是一种相对达到的"事态"。但在大多数人身上，它更多的是一种希望、向往和动力，是希望实现但尚未实现的"某个东西"，它在临床上表现为健康、融合、成长等方面的动力。投射测试也能够探测到这些倾向的潜能，而不是倾向的外显行为，就像 X 光能够在外部出现症状之前就发现初期的病变一样。

对于我们来说，这意味着对于心理学家，一个人是什么以及他可以是什么是同时存在的，因此解决了存在与成为之间的分歧。潜能不仅是"将会是"或者"可能是"，它们也是现在存在的。即使尚未实现，作为目标，自我实现价值是存在的也是真实的。人既是他现在是的那种人，同时也是他渴望成为的那种人。

成长和环境

人在自己的本性中表现出一种压力，这是一种向着越来越完全的"存在"、越来越完美地实现自己人性的压力，在完全相同的自然主义和科学的意义上，橡子可以说是"向着"成为橡树努力，老虎"向着"成为老虎的样子努力，马"向着"成为马的样子努力。人根本上不是被塑造或者打造成为人，也不是被教育成为人。环境的作用根本上是允许他，或者帮助他实现他自己的潜能，而不是实现环境自身的潜能。环境并没有赋予人潜能和能力；人天生就拥有这些潜能和能力，就像他在胚胎里就有手脚一样。创造力、自发性、自我、真实性、关心他人、爱的能力以及向往真理，都属于他作为人从胚胎里就带有的潜能，就像他在胚胎里的手、脚、大脑和眼睛一样。

这与已经收集到的数据并不矛盾，那些数据清楚地表明，生活在一个家庭和一种文化中，是实现这些定义人性的心理潜能的绝对必要条件。让我们避免这种混淆。一个老师或一种文化并不能创造一个人。它不会将爱的能力、好奇的能力、哲学的能力、象征的能力或创造性的能力植入人体中。而是通过允许、培养、鼓励或帮助存在于胚胎中的东西成为现实。同一个的母亲或是同一种文化，以完全相同的方式对待一只小猫或一只小狗，也并不能使它成为人。文化是阳光，是食物，是水；但它不是种子。

"本能"论

研究自我实现、自我、真正的人性等问题的思想家团体，非常坚定地构建了他们的论点，声称人有实现自我的倾向。言下之意是：人被鼓励去真实对待自己的本性，相信自己、成为真实、自然、诚实表现的人，在自己内心深处寻找自己行为的原因。

但这当然只是一个理想化的建议。它们没有充分说明，大多数成年人不知道如何做到真实，如果他们"表现"自己，他们不仅可能会给自己带来灾难，还会殃及别人。对于那些问"我为什么也不该信任和表现自己"的强奸犯和施虐者，需要给他们什么样的答案呢？

整体来说，作为一个团体，这些思想家忽略了几个方面。他们的暗示没有说清楚如果你可以真实表现的话，你就会表现得好，如果你发自内心采取行动，那就是好的、正确的行为。非常清楚的是，这种内核，这种真实的自我，是好的、值得信任的、是有道德的。这一主张，显然是与"人可以实现自我"这一主张分开的，并且需要单独证明（我认为会是这样的）。此外，整体来说，这些作家明确地避开了关于这个内核的重要论点，即这种内核在某种程度上一定是有遗传的，否则他们说的一切就是一片混乱。

换句话说，我们必须研究"本能"理论，用我喜欢的说法就是基本需要理论，也就是说必须研究本性、本能、在一定程度上由遗传决定的需要、冲动、愿望以及人类的价值。我们无法同时兼顾生物观点和社会观点。我们不能在肯定文化可以做到一切的同时，又肯定人有固有的天性。这两者是不相容的。

在本能这一领域的所有问题里，我们最需要了解但最不了解的问题，是侵略、敌意、仇恨和破坏。弗洛伊德派宣称这是本能的；其他大多数动态心理学家称，这不是直接的本能，而是对于类本能或者基本需要的挫败感产生的一种常有的反应。事实是我们并不清楚。临床经验未能解决这个问题，是因为水平相当的临床医生得出的结论各不相同。我们需要的是艰苦而坚定的研究。

控制与限制的问题

内在道德理论家面临的另外一个问题，是解释为何自律对于努力实现自我的、真实真正的人通常比较容易，而普通人却难以自律。

在这些健康的人身上我们发现，责任和快乐是同一个东西，同样，工作和玩耍、利己和利他、个人主义和奉献对于他们也是一样的。我们知道他们是这样的人，但不知道他们怎么成为了这样的人。我有一个很强烈的直觉，那就是这种真正的、完全的人是很多人可以成为的现实。但是我们所面临的悲哀的现实是很少有人实现了这个目标，可能一百或两百个人中间才有一个人可以做到。我们可以对人抱有希望，因为原则上任何人都可以成为一个好的健康的人。但同时，我们必须感到悲哀，因为成功成为好人的人实在是太少了。如果想搞清楚为什么一些人可以做到，而一些人做不到，那研究问题本身就是研究自我实现者的生活历史，以了解他们是如何做到的。

我们已经清楚，健康成长的必要条件是满足基本需要（神经症通常就是一种匮乏症，就像维生素匮乏症）。但我们同样也明白，不受控制的放纵和满足会产生危险的后果，例如，病态人格、"口头表达"、不负责、无法承受压力、溺爱、不成熟以及某些性格障碍。研究结论很少，但是现在有大量临床和教育经验可供我们合理猜测小孩子不仅需要满足需要，他还需要了解物质世界对他的需要的限制，以及其他人也需要满足需要，即使是他的父母，也就是说，他们不是他到达终点的工具。这代表了控制、推迟、限制、放弃、挫折耐受力以及自律。只有对那些自律、负责的人，我们才可以说"想做什么就去做吧，这应该没什么问题"。

倒退的力量：精神病理学

我们也必须直面这个问题：什么东西会妨碍成长？那就是停止和逃避成长，以及固恋、倒退和戒备的问题，简单来说就是精神病理学的吸引力，或者按照其他人的说法就是罪恶问题。

为什么很多人没有真正的认同感，无法自己做决定、做选择？

1. 即使这是一种本能，但这些朝着自我完全的冲动和有方向的倾向非常弱，所以，与其他有着强烈本能的动物相反，这些冲动很容易被习惯、对待冲动的错误的文化态度、创伤发作以及错误的教育淹没。所以，人类的选择和责任感的问题远比其他物种严重很多。

2. 历史决定了西方文化中有种特别的倾向，即认为人的这些类本能需要，也就是人的动物本性，是邪恶的。因此，为了控制、禁止、压制和限制人的这种本性而设立了很多文化制度。

3. 有两组力量在拉着人，而不仅仅是一组。除了向着健康前进的压力，还有向着疾病和虚弱的、令人可怕的向后倒退的压力。我们不是向前走向"高级的涅槃"，就是后退到"低级的涅槃"。

我认为，过去和现在的价值论和伦理理论主要的实际缺陷，是缺少精神病理学和精神疗法的知识。纵观历史，学者已经在人类面前阐述了美德的回报、善良的美、对心理健康和自我实现的内在的渴望，但大多数人执意拒绝步入提供给他们的快乐和自尊。除了恼怒、不耐烦、幻灭、交替责骂、劝勉以及绝望，什么都没留给教师们。很多人都举起了手，谈论原罪或本性的邪恶，并得出结论，人只能通过超人的力量才可以得到救赎。

同时，这里还有庞大的、丰富的、有启发性的动态心理学和精神病理学文献，以及大量的关于人的弱点和恐惧的信息。我们了解很多关于人为什么会犯错？他们为什么让自己不快乐，让自己毁灭？他们为什么变态、为什么患病？出于这个原因，产生了这样的见解：人的罪恶主要是（虽然不是全部都是）人的软弱和无知，是可宽恕的、可理解的以及可治愈的。

我有时觉得很好笑，有时觉得很悲哀，因为那么多学者和科学家，那么多哲学家和神学家，他们谈论人类的价值，善与恶，却完全无视这样一个朴素的事实：专业的心理治疗师每天都理所当然地改变并提升人性，帮助人们变得更加强壮、善良、有创意、和蔼、慈爱、无私、平静。这些只是知识改善自我认识和自我接受的部分结果。还有许多其他的结果也会或多或少地出现。

这个论题非常复杂，即使在这里也无法触及。我能做的一切就是为价值论总结几个结论。

1. 自我认识似乎是自我提升的主要路径，虽然不是唯一的路径。

2. 自我认识和自我提升对大多数人非常困难，通常需要更大的勇气和更漫长的斗争。

3. 虽然熟练的、有经验的治疗专家的帮助让这个过程变容易很多，但这绝不是唯一的方式。很多从治疗中学到的东西，可以运用到教育中，运用到家庭生活和对个人生活的指导中。

4. 只有通过这些精神病理学和治疗研究，一个人才能学会适当地尊重和感激倒退、防御以及安全的力量。尊重并理解这些力量，使一个人更有可能去帮助自己和他人健康成长。错误的乐观主义迟早是幻灭、愤怒和绝望的代名词。

5. 总之，不了解人的健康的倾向，我们就永远无法真正地理解人的弱点。否则，我们会错误地把一切归于病态。但是，不了解人的弱点，我们也永远无法完全理解或帮助人的力量。否则，我们会犯下过于乐观地只依赖理性的错。

如果我们希望帮助人类成为更完全的人，不仅必须意识到他们试着实现他们自己，而且还需要意识到他们也不情愿、害怕或无法这样做。只有完全感激疾病和健康之间的辩证关系，我们才可以为了健康去帮助打破这个平衡。

第十二章　价值、成长和健康

那么我的观点是：原则上，我们可以有一个人类价值的描述性的自然主义科学；"是什么"和"应该是什么"之间存在已久的相互排斥的对立关系，在某种程度上是错误的；我们可以研究人类最高的价值或目标，正如我们研究蚂蚁、马、橡树或者火星人的价值一样。我们可以发现（而不是创造或发明），人在提升自己时，会倾向、渴望、争取哪些价值？而在生病的时候会失去哪些价值？

但我们已经看到，只有我们将健康的样本和其余样本区分开时，才可以有成效地做到这一点（至少在这一历史时期，在我们掌握的有限的技术下可以做到）。我们不能把神经病患者的渴望和健康人的渴望平均在一起，然后再做出一个可用的产品。（我可以用一句格言阐述我用几千字才能说清楚的事情。一个生物学家最近宣布，"我发现了类人猿和文明人之间缺失的联接了。那就是我们！"）

我认为这些价值是发掘、创造或是构造出来的，它们是人性本身结构中的内在因素，它们以生物和基因为基础，同时也是在文化上发展起来的，我是在描述它们，而不是发明、设想它们，或是盼望它们出现（"管理对发现的东西不承担任何责任"）。

我可以用一种更单纯的方式来说明这一点，那就是现在我正在研究各种人的自由选择或偏好，无论是病患或是健康人，老人或者年轻人，也不管是在什么情况下做出的选择。我们当然有权利这样做，就像我们研究者有权利研究小白鼠或猴子或者神经病患者的自由选择。这个说法可以避免很多无关紧要的、让人烦躁的关于价值的争论，而且它的优点还在于强调这项事业的科学性，将其完全从先验的领域里排除出去。（不管怎么说，我的观点是"价值"这一概念很快就会过时。它包含的内容太多，含义太杂，历史太长。并且，这些不同的用法通常不是有意识的。因此它们造成混乱，我常常想完全放弃使用这个词。通常可以使用一个更具体的也更不容易混淆的同义词。）

这个更自然主义和描述性（更加"科学"）的方法还有一个好处，那就是将问题的形式从既定观点问题以及带有暗示的、未经检验的价值的"应该"和"应当"问题，转换为更加平常的经验形式的问题，这些问题关于"何时、何处、对谁、多少、在什么条件下"等等，也就是说，转化为经验上可检验的问题。①

我的下一组主要假设是，所谓更高的价值、永恒的美德等等，大概是我们发现的那些我们称之为相对健康的人（成熟的、进化完全的、自我实现的、有个性的人等等）在他们感觉最好、最强的时候，在良好的情况下的自由选择。

或者用一种更描述性的方式来说，如果可能自由选择的话，当这种人感觉强大时，他们倾向于选择对而不是错、善而不是恶、美而不是丑、融合而不是分离、快乐而不是悲伤、生而不是死、独特而不是刻板，以及我描述为的存在价值。

一个附属的假设是，所有人或大多数人身上都可以发现有选择这些相同的存在价值的微弱的、模糊的倾向，也就是说这些可能是全物种共有的价值，在健康的人身上看得最清楚、最明白、最强烈，在这些健康人身上，这些更高的价值更不容易被防御性（焦虑引发的）价值或者是我在下文中所说的健康的倒退或"下滑"②以及价值所削弱。

另一个非常有可能的假设是：健康的人选择的是大体上在生物学方面或其他意义上的"对他们好"的东西（这里"对他们好"指的是"有助于他们自己和他人的自我实现"）。另外，我猜想，（健康人选择的）对健康的人好的东西，从长远来看，很有可能

---

① 这也是摆脱对价值的理论和语义讨论所特有的循环性的一种方式。例如，漫画中的这句非常有用的话："善比恶好，因为善更好。"

这是对尼采的"做你自己"，或克尔凯郭尔的"做那个真正的自我"，或罗杰斯的"当人类可以自由选择时，人类似乎在努力追求什么"这些观点的可检验的措辞。

② 这个词由理查德·法森博士提出。

对不那么健康的人也有好处，并且如果患者可以成为好的选择者，那他们也会和健康的人做出一样的选择。换句话说，比起不健康的人，健康的人是更好的选择者。或者把这个主张转过来以引出另一组启示，我提议探讨一下我们观察到的最好的样本所选择的东西，然后假设这些是所有人的最高价值。就是说，让我们看一下，当我们开玩笑地把人当成生物鉴定对待时会发生什么，我们会变得更敏感，比起我们自己会更快地意识到什么是对我们好的东西。这个假设就是，如果给我们足够的时间，我们最终会选择他们快速选择的东西。或者，我们迟早会看到他们选择的智慧，然后作出同样的选择。或者他们的感知敏锐又清晰，而我们的感知却很模糊。

我还猜测，在高峰体验中感受到的价值，大致和之前所说的选择价值一样。我这么做是为了表明，选择价值只是价值的一种。

最后，我猜测，作为我们最好的样本的偏好或动力，这些一样的存在价值在一定程度上与描述艺术作品的"好"，或总的来说天性或好的外部世界的价值一样。也就是说，我认为人的存在价值在某种程度上，与在世界上感知到的同样的价值是同构的，并且这些内在和外在的价值，有一种相互增强相互巩固的动态关系。

在这里只想说明一个事情，就是这些主张确定了最高价值存在于人性本身，以在那里被发现。这与更老更传统的理念严重矛盾，之前的理念认为最高的价值只来自超自然的神，或者来自人性本身以外的其他地方。

决定性的人性

我们必须诚实地接受并努力解决这些论文里存在的真正的理论和逻辑困难。定义里的每个元素本身都需要定义，并且当我们使用这些元素时，我们发现我们正处于循环的边缘。我们目前不得不接受这些循环。

"好的人"只能以某种人性的标准来定义。而且，这个标准几乎肯定是一个程度问题，也就是说，一些人相比另一部分人更具有人性。那些"好的人"和作为"榜样的人"，是最具有人性的。之所以这样是因为他们有很多决定性的人性特征，每一个都是必要条件，但本身又不足以决定人性。此外，这些决定性的特征本身就有程度问题，并不能完全地、清楚地将人和动物区分开。

在这里，我们也发现罗伯特·哈特曼的观点非常有用。一个好的人（或者老虎或者苹果树），只要它符合或满足了"人"（或老虎或苹果树）这个概念，它就是好的。

从某种角度来看，这其实是一个非常简单的解决方法，也是我们一直不自觉使用的方法。新手妈妈问医生："我的宝宝正常吗？"毫无疑问，医生知道她是什么意思。动物园管理员买老虎，追求的是"好样本"，是真正的老虎一样的老虎，所有的老虎的特征都很明确，并且发育完全。当我为我的实验室买卷尾猴时，我也要好的样本，好的具有猴子特征的猴子，而不是奇特的或不寻常的样本。如果我遇到一只尾巴不卷的猴子，那就不是一只好的卷尾猴，尽管这在老虎身上是可以的。好的苹果树、好的蝴蝶也是如此。分类学家为他的"类型样本"选择了一个新物种，这个物种将被陈列在博物馆里，是整个物种的典范，是他能得到的最好的样本，是最成熟、最没有缺陷、最典型、拥有所有能定义该物种的品质的样本。同样的原则也适用于选择"好的雷诺阿"或"最好的鲁宾斯"等。

在完全相同的意义上，我们可以挑选出人的最好的样本，具有人应该有的所有特征，人类的所有能力都在他们身上得到了很好的发展和充分的发挥，没有任何明显的疾病，特别是没有能损害核心的、决定性的、必要的特征的疾病。这些人可以被称为"最完全的人类"。

到目前为止这都不是一个太困难的问题。但是，想一下在选美比赛中当评委，或买一群羊，或买一只狗当宠物时所遇到的额外的困难。在这里，我们首先面对的是主观的文化标准问题，这些标准会压倒和抹杀生物心理学的决定因素。其次，我们面对的是驯化的问题，也就是一种人为的、受保护的生活所带来的问题。在这里，我们还必须记住，人在某些方面也可以被认为是被驯化的，特别是最受保护的人，例如脑损伤患者、孩童等。第三，我们还需要将奶农的价值与奶牛的价值区分开。

由于人的本能的倾向也就如此，并且远比文化的力量弱，因此，弄清人的心理生物价值永远是一项艰巨的任务。无论困难与否，原则上这是可能做到的，并且也是相当必要的，甚至是至关重要的（《动机与人格》第七章）。

那么，我们大的研究问题就是"选择健康的选择者"。就实际情况而言，现在就可以很好地完成这个任务，因为医生现在可以选择身体健康的生物体。这里最大的困难是理论上的困难，就是健康的定义和概念问题。

成长价值、防御价值（不健康的倒退价值）和健康的倒退价值（"下滑"价值）

我们发现，在真正自由选择的情况下，成熟或更健康的人不仅看重真、善、美，还重视倒退的、生存的和／或自我调节的价值：和平与安静，睡眠与休息，屈服，依赖与安全，逃避或摆脱现实，从莎士比亚回到侦探小说，退隐到幻想中，甚至希望死亡（和平）等等。我们可以粗略地将其称为成长价值和健康倒退的、"下滑的"价值，并且我们进而认为越成熟越健康的人，就会越追求成长的价值，而更少追求和需要"下滑"价值；但他仍然两者都需要。这两组价值通常是辩证的关系，产生表现在外部的动态平衡。

必须记住的是，基本动机提供了现成的价值层级，这些价值相互关联，分为较高和较低的需要，较强和较弱的需要，较重要和较次要的需要。

这些需要被安排在一个整合式层级中，而不是分叉式的，也就是说，每一个需要都相互依赖。假设，实现特殊天赋的较高的需要，依赖于持续满足的安全需要，即使是在非活动状态下安全需要也没有消失（我所说的非活动状态是指饱餐后饥饿的状态）。

这意味着，倒退回较低的需要的过程是有可能的，并且在这种情况下，不能只将其视为病态的或生病，而是要把它看作是对整个生物体完全必要的过程，是使"较高需要"存在并发挥作用的必要条件。安全是爱的必要先决条件，而爱又是自我实现的前提。

所以，必须将这些健康的倒退的价值选择视为是"正常"、自然、健康、本能的等等，把它们与"更高的价值"一视同仁。很明显，它们彼此处于一种辩证或者动态的关系中（或者，我更愿意说他们是整体式的层级关系，而不是分叉式的关系）。最后，我们需要解决那个明显的、描述性的事实：对大部分人来说，较低的需要和价值在大多数时候，比较高的需要和价值更占优势，也就是说，较低的需要和价值有强大的倒退拉力。只有最健康、最成熟、进化最完全的个体，才更经常、更坚定地选择较高的价值（并且只在好的或者极好的生活环境下才可以做到）。之所以会这样，主要是由于满足了较低需要的坚实基础，这些需要在满足时处于休眠或不活跃状态，就不会产生向后倒退的拉力（并且很明显，这个有关满足需要的假设，设想了一个非常美好的世界）。

用一种老派的方法来总结这个观点就是：人的较高的本性依赖于较低的本性，需要较低的本性作为它的基础，缺少了这个基础，上层的本性就会坍塌。即，没有令人满意的较低的本性作为基础，就不可能有更高的本性。发展更高的本性最好的方法，首先是实现和满足较低的本性。另外，更高的本性还依赖于现在和以前的好的或者相当好的环境。

这里的意思就是说，更高的本性、理想、愿望和能力，不是靠放弃本能，而是依赖于满足本能。（当然，我一直所说的"基本需要"和古典弗洛伊德派的"本能"是不一样的。）即便如此，我的这个说法还是指出了重新审视弗洛伊德的本能理论的必要性。其实早就该这么做了。另一方面，这个说法和弗洛伊德的生死本能的隐喻二分法有一定的同构性。前进和倒退、较高和较低之间的辩证关系，现在被存在主义者用另一种方式来表述。我没有看出这些措辞之间有什么明显的区别，除了我看出我的说法更试图去靠近经验和临床材料，更加可证实或不可证实。

存在主义人类困境

即使是最好的人也不能摆脱人的基础困境，那就是人既是生物，同时又似神，既强大又软弱，既是有限的又是无限的，既是动物又超越动物，既成熟又幼稚，既胆小又勇敢，既前进又倒退，既追求完善又害怕完善，既是懦夫也是英雄。这就是存在主义者一直想告诉我们的。我感觉基于我们已有的证据，我们必须同意他们，因为任何终极心理动力学和精神疗法的最终系统，都基于这个困境和它的辩证法。另外，我把它视为所有自然主义价值理论的基础。

即使残酷，但放弃我们三千年之久的亚里士多德逻辑学风格的分叉、分裂和分离的习惯是非常重要的（"A 和非 A 彼此是完全不同并相互排斥的。你自己可以选择'这个'或是'那个'。但你不能两个都选。"）虽然也许有些困难，但我们必须学会整体地思考，而不是用原子论思考。特别是对于健康的人来说，所有这些"对立面"都是有层级的整体，并且心理治疗的其中一个目标，就是抛弃分叉和分裂，而去整合那些看似不相容的对立面。我们似神的特质依赖并且需要我们的动物属性。成熟不是抛弃童年，而是囊括它好的价值，并建立在它之上。更高的价值与更低的价值是呈层级式整合的。最终，分叉病态化，病态分叉化。（比较戈德斯坦对隔绝的有力概念。）

内在价值即可能性

正如我所说过的，价值一定程度上是由我们自己的内心发现的。但一定程度上价值也是由我们自己创造或选择的。发现并不是唯一一个推导我们赖以生存的价值的途径。自我探索很少能发现一些完全单一性的东西，例如，只指向一个方向的手指，和只能用一种方式来满足的需要。几乎所有需要、能力和天赋都可以用多种方式来满足。虽然这种多样性也有限，但它仍然是多样的。天生的运动员有很多运动可以选择。爱的需要可以由许多人中的任何一个人以各种方式来满足。天赋异秉的音乐家无论是有长笛还是单簧管，都可以得到一样的快乐。一个伟大的知识分子可以和生物学家、化学家或心理学家同样地快乐。对于任何一个善良的人来说，有很多种原因或责任去献身于同样的满足。有人可能会说，这种人性的内部结构是软性的而不是硬性的；或者这种结构可以被训练，或者像树篱或者甚至像果树一样，被引导朝着某个方向生长。

尽管一个好的测试仪或治疗专家，应该很快就能大致看出一个人的才能和需要是什么，以及能够是什么，例如，给他相当好的职业指导，但是，选择和舍弃的问题仍然存在。

另外，当成长中的人模糊地看到他可以根据机会、文化的赞美或指责等因素，在一系列命运中作出选择时，假设当他渐渐（选择？或者被选择？）致力于成为一名医生时，那很快自我制造和自我创造的问题就出现了。纪律、努力、延迟快乐、逼迫自己、塑造和训练自己，甚至对于"天生的医生"来说，这些都是必不可少的。无论他有多爱他的工作，为了整体，他仍然需要忍受琐事。

或者换种方式说，通过成为一名医生来实现自我，意味着要成为一名好医生，而不是差的医生。这个理所当然一部分是由他自己创造的，一部分是文化给他的，还有一部分是他自己内心发现的。他认为一个好医生应该是什么样，和他的天赋、能力和需要一样是有决定性作用的。

暴露性治疗能否帮助探索价值

哈特曼否认道德义务可以合理地从心理分析的发现中得

出。① "得出"在这里是什么意思呢？我主张的是，心理分析和其他暴露性治疗都只仅仅揭露或暴露了人性的一个内在的、更加生物学的、更加本能的核心。这个核心的一部分是一些偏好和渴望，这些偏好和渴望被认为是本能的、基于生物学的价值，虽然是较弱的价值。所有基础需要，以及个体所有的天生能力和天赋都可以归为这一类。我没有说这些是"必须的事"或者是"道德义务"，至少不是在旧的外在的意义上这么说。我只是说它们是人类本性所固有的，而且否定它们或者使他们受挫，会导致心理病态，因此也导致人变得邪恶，尽管它们不是同义词，但病态和邪恶肯定是有重合的。

同样，雷德利克也说："如果对治疗的追求变成了对意识形态的追求，那正如惠利斯明确指出的那样，这就必定会失望，因为精神分析不能提供一种意识形态。"当然，如果我们从字面上理解"意识形态"这个词的话，这确实是正确的。

但是，因此又有一些非常重要的东西被忽略了。虽然这些暴露性治疗不能提供一种意识形态，但它们至少肯定有助于暴露内在价值的原基或基本原理。

也就是说，暴露性深度治疗专家可以帮助病人发现他（病人）

---

① 我不确定这里有多少真正的意见分歧。例如，哈特曼的这段话在我看来似乎是同意我以上的观点的，特别是他对"真实价值"的强调。

请与下面福伊尔的简明观点相比较："真实价值和非真实价值之间的区别，是表达有机体原始驱动力的价值和焦虑引起的价值之间的区别。这是表达自由个性的价值与由于恐惧和禁忌而压抑的价值之间的对比。这就是伦理学理论的基础和为了实现人类幸福的应用社会科学的发展之间的区别。"

模糊追求的、渴望的、需要的最深层、最内在的价值是什么。因此，我坚持认为，正确的治疗与探索价值是相关的，而不是像惠利斯（所说的不相关。的确，我认为我们甚至有可能不久就会把治疗定义为对价值的寻找，因为从根本上看，对身份的寻找本质上就是对自己内在的、真实的价值的寻找。尤其是当我们记住提高自我认识（以及明确自己的价值）与提高对他人和现实的认识（以及明确他们的价值）是一致的时候，这一点就更清楚了。

最后，我认为有可能的是，目前过分强调自我认识与道德行动（以及价值承诺）之间（所谓）的巨大差距，可能本身就是思想与行动之间非常有强迫性的裂缝的症状，而这种裂缝对于其他类型的特征并不那么普遍。这大概也可以概括了哲学家们的古老的两难问题——"是"与"应该"——事实与规范之间的问题。通过观察更健康的人，处于高峰体验中的人，以及那些设法把自己好的强制性品质与好的歇斯底里的品质结合起来的人，我发现一般来说，并不存在这种不可逾越的鸿沟或裂缝；在他们身上，清晰的认识一般都会直接涌现出自发的行动或伦理承诺。也就是说，当他们知道什么要做的正确的事情是什么的时候，他们就会去做。在这种知与行之间的差距中，健康的人还能剩下什么呢？只剩现实和存在中固有的东西，只剩真问题而不是伪问题。

这个猜想在多大程度上是正确的，那深度暴露性治疗就在多大程度上会被证实为不仅可以祛病，而且还是合理的价值暴露技术。

第十三章　健康是对环境的超越

我的目的是要挽救在当前讨论心理健康的浪潮中，可能被遗忘的一个观点。我所看到的危险是：随着顺应现实、适应社会以及适应他人，对心理健康的古老认同会以新的和更复杂的形式重新出现。也就是说，可能会抛开一个人的道德、自主性、内心和非环境的法则，来定义真实或者健康的人，并且不把他与环境区别开、不将他视为独立于环境或者与环境对立的存在，而是用以环境为中心的标准来定义真实或健康的人，例如，控制环境的能力，在与环境的联系中是能干的、能胜任的、有效的、有能力的、工作出色、能很好地感知环境并和睦共处，在这种话语体系中是成功的等等。换种方式说，工作分析和任务要求，不应该是衡量个体价值或健康的主要标准。人不仅有对外的取向，还有对内的取向。不能用心理外的中心点，来完成定义健康心理的理论任务。我们一定不能落入这样的陷阱：用他"对……有用"来定义好的有机体，仿佛他是一种工具，而不是他本身，好像他只是达到某种外在目的的一种手段。（按照我对马克思主义心理学的理解，这也是对"心理是现实的一面镜子"这一观点的非常直白无误的表达。）

我特别想到了罗伯特·怀特最近在《心理学评论》上发表的

论文《重新考虑动机》，以及罗伯特·伍德沃斯《行为动力学》一书。我之所以选择这些，是因为它们是优秀的作品，高度成熟的作品，而且它们将动机理论向前推进了一大步。就目前的论述来看，我同意他们的观点。但我觉得他们走得还不够远。它们以一种隐蔽的形式包含了我所提到的危险，虽然精通、效率和能力可能是积极顺应现实，而不是被动适应现实，但它们仍然是适应论的变种。这些观点虽然令人钦佩，但我觉得我们必须跳出这些观点，来清楚地认识到要超越环境①、独立于环境、反抗环境，有能力与环境斗争、轻视环境，或背弃环境、拒绝环境或拒绝适应环境。（我抵住诱惑没有去讨论这些术语的男性化、西方和美国特征。一个女人、一个印度人甚至一个法国人会不会主要从主宰或能力的角度来思考呢？）对于心理健康理论来说，仅有心理外的成功是不够的，我们还必须包括心理内的健康。

还有另外一个例子，如果不是因为有很多人把这个例子当真，我是不会当真的，这个例子就是哈利·斯塔克·沙利文式的努力，他简单地用他人对一个人的看法来定义自我，这是一种极端的文化相对论，健康的个体性完全丧失了。并不是说不成熟的人格就

① 使用"超越"一词是因为缺乏更好的表达。"独立于"过于简单地将自我和环境对分，因此是不正确的。不幸的是，"超越"意味着一种"更高的"东西，它唾弃和否定了"更低的"东西，也就是说，又是一种错误的二分法。在其他语境中，我曾用"二元对立的思维方式"作为对比，即层级整合的思维方式，它意味着更高的东西是建立在并依赖于更低的东西之上的，但也包括了较低的东西。比如，中枢神经系统，或基本需要的层次结构，或一支军队，它们都是层级整合的。在这里，我是在层级整合的意义上使用"超越"这个词，而不是在二元对立的意义上。

不是这样的，它也是这样的，但我们讨论的是健康且实现成长的人，而他的特点当然是他可以超越别人的意见。

为了证实我的观点，即我们必须保留自我与非自我的区别，以便理解完全成熟的人（真实的、自我实现的、个体化的、有创造力的、健康的人），我提请大家注意以下几个简要介绍的观点。

1.首先我拿出我在 1951 年的一篇名为《对适应的抵抗》的论文中提出的一些数据。我报告称，我的健康的研究对象表面上接受约定习俗，但私下里对习俗却很随意，会敷衍和疏离习俗。也就是说，他们可以接受也可以远离它们。我发现几乎所有人都平静地、幽默地抵制文化的愚蠢和缺陷，并或多或少地努力改善它。在认为有必要的时候，他们完全表现出了可以与之进行激烈抗争的能力。引用本文中的一句话："不同比例的喜爱或赞许，敌意和批评的混合物表明，他们尽全力从美国文化中选择他们觉得好的东西，并拒绝他们认为不好的东西。一句话，他们会权衡并（以自己内心的标准）进行判断，然后再作出自己的决定。"

相较于一般人，他们所表现出的超然非常惊人，他们对独处也强烈喜爱，甚至独处是他们的一种需要。

"出于种种原因，他们可以被称为是自主的，也就是说，他们受自己性格法则统治，而不是受社会法则统治（只要这些法则是互不相同的）。正是在这个意义上，他们不仅是美国人，而且在很大程度上是整个人类的成员。于是我假设"这些人应该没有那么多的'民族性格'，比起他们自己文化中那些发展不太好的成员，他们应该更像跨文化的人"^①。

我想在这里强调的是这些人的超然、独立、自律的性格以及他们倾向于从内部寻找生活的指导价值和规则。

2. 另外，只有通过区分自我和非自我，我们才能为冥想、沉思和其他所有进入自我的形式，以及远离外部世界来聆听内心声音的形式，留出理论上的位置。这包括所有领悟疗法的所有过程，其中，远离世界是必不可少的，并且通向健康的途径是进入幻想，进入初级过程，也就是说一般是通过内心的恢复来实现的。心理分析治疗在可能的范围内是处于文化之外的。（在任何更充分的讨论中，我肯定会论证意识自身的享受和体验价值；坎特里尔《人的经验之"为什么"》、墨菲《人类潜能》。）

3. 我认为最近对健康、创造力、艺术、玩耍和爱的兴趣，教会了我们很多关于普通心理学的知识。在这些探索的众多结论中，我选出一个来强调我们当前的目的，即对人性的深度、无意识、初级过程、陈旧的、神话的和诗意的东西的态度转变。因为疾病

---

① 沃尔特·惠特曼或威廉·詹姆斯就是超越环境的典例，他们完全是美国人，是最纯粹的美国人，但同时也是非常纯粹的超文化的、整个人类的国际主义成员。他们是世界性的人，并不是因为他们是美国人，而只是因为他们是非常优秀的美国人。所以，犹太哲学家马丁·布伯也不仅仅是犹太人。葛饰北斋是纯粹的日本人，但同时他也是一个世界性的艺术家。大概任何普遍的艺术都不可能是没有根基的。纯粹地域性的艺术与地域性扎根的艺术是不同的，地域性扎根的艺术已经扩大成为一般的——人类艺术。在这里我们也可以提醒自己，皮亚杰的孩子们无法想象自己既是日内瓦人又是瑞士人，直到他们成熟到能够将一个身份纳入另一个身份之中，并同时以一种层级分明的方式将两个身份整合起来。这个和其他例子都是由阿勒波特提供的。

的根源首先是在无意识状态下发现的，所以我们倾向于认为无意识是不好的、邪恶的、疯狂的、肮脏的或是危险的，并且倾向于认为初级过程是扭曲真理。但是现在我们发现了这些深度也是创造力、艺术、爱、幽默和玩耍的源泉，甚至是一些真理和知识的来源，我们现在可以谈论一种健康的无意识和健康的倒退。尤其是我们可以认为初级过程认知和陈旧的或神话的思想是有价值的，而不是把它们视为是病态的。我们现在可以为了获得某种知识而进入初级过程的认知状态，这不只是为了自己，还是为了这个世界，次级过程对此是无法感知的。这些初级过程是正常或者健康的人的一部分，并且任何健康人性的理解理论都必须把它们包括在内。

如果你同意这一观点的话，那你必须与这一事实抗争，即它们是属于内心的，有其自身的法则和规律，它们根本上不是适应外部现实，或者被它塑造，或具备应对外部现实的能力。有更多的人格表层区分出来负责这项工作。用这些应对环境的工具来鉴别整个内心世界，会导致失去一些我们不再敢失去的东西。充分性、调节、适应、能力、熟练、解决，这些都是环境导向的词语，因此不能够用来描述整个内心世界，内心的其中一部分和环境毫无关系。

4. 在这里，行为的应对方面和表达方面的区别也很重要。由于各种原因，我质疑"所有行为都有目的"这一公理。在这里，我强调这一事实：表达性行为要么就是没有目的，要么就是比应对性行为更没有目的（这取决于你如何定义"有目的"）。在他们更纯粹的形式中，表达性行为与环境几乎没有关系，而且没有改变环境或者适应环境的目的。适应、充分性、能力或者熟练这些词不会用在表达性行为上，而只用在应对性行为上。现实中心主义的完全人性理论，不克服种种困难的话，就不能处理或者包含表达。理解表达性行为的自然和简单的中心点，是在内心世界（《动机与人格》第 11 章）。

5. 专注在一项工作上时，能让你协调个人内部和外部环境，从而产生更高的效率。无关的东西被推到一边，并且不被人注意。各种相关的能力和信息，在目标和目的的领导下排列它们自己，这意味着，重要性是根据解决问题的能力来定义，即根据有用性来定义重要性。对解决问题没有帮助的东西就是不重要的。选择变得非常必要。抽象地说，这也意味着对一些东西视而不见，忽视或排斥它们。

但我们知道，有目的的感知、任务定向、根据有用性的认知都涉及效能，它们忽略了一些东西，因此是部分盲目的。为了使认知变得完整，我们必须表明它是超然的、无兴趣的、无欲望的、无目的的。只有这样，我们才能按照对象自身的本性，以其自身客观的、本能的特点来感知它，而不是将它抽象为"有用的东西"或者"有威胁的东西"。

我们在多大程度上想尝试控制环境或者使环境产生效用，那我们就在多大程度上减少了完全、客观、超然和无兴趣的认知的可能性。只有我们愿意这么做，我们才能做到完全地感知。再次引用心理治理经验，我们越迫切想要做出诊断并且拿出治疗方案，做的事情就越没有帮助。我们越迫切渴望治愈疾病，就越会花费更长的时间。每一个精神疾病研究者都必须学会不要力求治好，不要没有耐心。在很多情况下，屈服让步就是克服，谦逊就是成功。走这条路的道家和禅宗教徒，在一千年前就看到了我们心理学家刚刚意识到的东西。

但最重要的是我的初步研究结果发现，这种关于世界的存在认知在健康的人身上更容易发现，并且它甚至可以是定义健康的一个特征。我也在高峰体验（暂时的自我实现）中发现过这种认知。这意味着，甚至就和环境的健康关系来说，熟练、能力、有效这些词所表明的主动的目的性，远超过了一个明智的健康概念。

作为对无意识过程的态度转变所带来的一个后果的例子，可以假设，对于健康的人来说，感官剥夺不仅仅是令人恐惧的，还可以是令人愉快的，也就是说，由于切断与外界的联系，似乎可以使内心世界进入有意识状态，由于健康的人更接受和更享受内心世界，所以他们应该更有可能享受感官剥夺。

归纳总结

这些关于健康理论的思考教会我们：

1. 我们不能抹去自主的自我或者纯粹的心灵。不能把它只当作一个适应性仪器来对待。

2. 即使是当我们处理我们与环境的关系时，我们也必须为环境和熟练环境的接受关系提供一个理论上的位置。

3. 心理学在某种程度上是生物学和社会学的分支。但又不仅仅如此。它同样也有自己独特的管辖范围，那部分心灵不是对外部世界的反映，也不是对外部世界的塑造。可能有心理学心理之类的东西。

第六编

今后的任务

Toward a Psychology of Being

第十四章　成长与自我实现心理学中的
一些基本命题

　　当人的哲学（人的本性、目标、潜力、成就感）改变时，所有理论都随之改变了，不仅是政治、经济学、伦理和价值观、人际关系和历史的基本理论，甚至是教育理论以及使人成为他能够又在内心深处需要成为的样子的理论，都会发生转变。

　　我们现在身处对人类能力、潜力和目标认知的转变之中。关于人类及其命运的多种可能性，一种新的观念正在萌芽。这就意味着，不仅是教育，我们对于科学、政治、文学、经济学、宗教，甚至是非人类世界的认知都会发生变化。

　　我认为，现在将人的本性描绘成一种完整、单一且全面的心理学体系是可能的，尽管这个系统里大多是为打破现存两大最为全面的心理学体系的局限性（存在于人性的本质中）应运而生的，这两大体系分别是行为主义（或称联想主义）和经典弗洛伊德心理分析。但为这种体系贴上单独的标签却并非易事，考虑这个也可能为时尚早。我曾一度称之为"整体动态"心理学，以表达我对它背后主要根据的确信。有人赞同戈德斯坦的说法，将其命名为"机体"心理学。还有人赞同苏蒂奇的说法，将其称作自我心理学或人本主义心理学。我本人的猜测是，在今后的几十年内，如果这个心理学体系依旧兼收并蓄、包罗万象，我们便可以简单称其为"心理学"。

我认为我最大的贡献在于以我个人的立场，在我本人的研究基础上发声，而非贴上思想家代表的"官方"标签，即便在这个群体中我也确实能收获到不少赞许。我选择了一部分"第三种势力"的作品，放在参考文献中。由于篇幅有限，我在这里仅介绍其中的主要命题，特别是对于教育界人士比较重要的命题。在此，我要提醒读者，以下内容有许多还没有参考资料。有些内容基于我个人坚信的理念，而非公众证实过的事实。但总体来讲，这些命题都是可以证明成立或是不成立的。

1.我们每个人都有一种内在本性，似本能、内在、特定又天然存在的本性，这种天然存在是指，具有可观的遗传决定因素，并且往往会持续存在（《动机与人格》第七章）。

在这里写到遗传的、身体上的和早期获得的个体自我的根源是说得通的，尽管这种自我的生物学决定性只是局部的，而且描述起来过于复杂。在任何情况下，这都是"原材料"而不是成品，由他本身、对他重要的其他人，和他身处的环境等对此人产生后续作用。

包含在这种内在本性中的有似本能的基本需要、能力、天赋、洞察力、生理或性情的平衡、产前或出生时所受的伤害，以及新生儿创伤等。其内部的核心是以自然倾向、行为习惯或内部倾向的形式表现出来的。人之初形成的防御和获取机制、生活方式以及其他性格上的特征，都应该包含在我们的讨论中。"原材料"在开始面对外部世界的时候就会快速成长，形成自我，并开始不断地转变。

2. 上述这些都是人的潜能，而非最终实现的结果。所以它们都是有故事的，是需要用发展的眼光看待的。它们大多（并非全部）由超乎于心灵之外的决定因素（文化、家庭、环境、学习等）得以实现、塑造或遭到扼杀。在人生初期，这些盲目的冲动和偏好会通过疏通作用和无意间习得的联想与对象（"情绪"）产生联系。

3. 这种内核，尽管是基于生理的，是"似本能"的，但从某种意义上来说它还是无力的，容易被战胜、被压制或压迫的，甚至会遭到永久的扼杀。人类不再拥有动物的本能，那是一种来自内心深处的声音，它强有力并且不会出错，它斩钉截铁地告诉人们什么时候、在哪、和谁一起做什么。留给我们的只有这种本能的残余。进一步说，这种本能是微弱的、微妙的、易损的，并且非常容易被学习、文化期望、恐惧、得不到赞许等因素湮没。洞悉这种本能并非易事。定义真实的自我，一部分是能够听到自身内心深处的声音，也就是说，知道自己想要什么、不想要什么，适合什么、不适合什么等等。在内心声音的强弱方面，人与人之间的差距是很大的。

4. 每个人内在的天性中都存在一些和其他所有人共有的特质（全人类共有的），同时也存在着一些个人独有的特质（特异的）。

人之所以为人在于其对爱的需要（尽管在特定环境下爱可能会消失）。然而只有极少数人拥有音乐天赋，这些人的风格也迥然不同，比如莫扎特和德彪西。

5.这种内在的天性是可以科学、客观研究的（指研究真正的"科学"），也可以发现（而非发明或创建）其本来面目的。我们也可以通过观察内在，进行精神治疗来主观地研究内在的天性。这两种方法是相辅相成的。

6.这种存在于内心深处的天性，弗洛伊德认为有许多方面或是被主动压抑的，因为它们可怕、不被认可、自我矛盾；沙赫特尔认为，天性是容易被"遗忘"的（被忽略、搁置、忽视、压抑或者意识不到）。所以，大部分存在于内心深处的天性是不易察觉的。这不仅适用于弗洛伊德强调的内心的冲动（动力、本能、需要），同样适用于能力、情绪、判断、态度、解释能力、知觉等。主动压抑是需要耗费努力和精力的。压抑仍然是一个主动的思想和行为决定因素。

主动和被动的压抑似乎开始于生命初期，大部分都是对父母或文化的反对。

但是，有临床证据表明，压抑可能是由儿童或青少年的内在心灵或所身处的外在文化环境引起的，也就是说压抑来源于一种恐惧，比如害怕被自己的冲动冲昏头脑，怕崩溃，怕没办法控制自己，怕情绪爆炸等等。从理论上讲，对于自己的冲动，儿童可能会自发地形成恐惧和反感，这可能引起他们对于这些情绪的各种抵触以保护自己。如果这是真的，社会就不是唯一的压制力量了，也可能会有内在心理压制和控制力量。上述这些我们都可称之为"固有的逆向关注"。

我们最好可以把无意识的动力和需要用无意识方式认知事物区分开来，因为后者常常容易引起意识，从而引起修正。初始过程认知（弗洛伊德）或原始思维（荣格）是比较容易通过诸如创新艺术教育、舞蹈教育和其他非语言教育办法恢复的。

尽管内在天性"软弱无力"，但在美国普通人身体里是难以磨灭的（但在人生初期的消亡是有可能的）。即使被否认和压制，天性仍在你不知不觉中潜藏着。就像智慧的声音（声音是智慧的一部分）很柔弱，却能被听到，尽管是以扭曲的形式，因为它是一种动态力量，总是为了开放的、无拘束的表达而压抑。在压制或压抑时必须付出努力，这样就容易疲惫。这种力量是"健康意志"的 一个主要方面，也是对成长的渴望、自我实现的压力、对同一性探求的主要方面。正是这样才使心理治疗、教育和自我完善成为可能。

8.但是，这种内核，或者说自我，只有一部分，通过（主观和客观的）探索、发现和接受许多事物原来已经在"这儿"，进入成年阶段。在某种意义上，这也是人的自我创造。人生是由个人的不断选择组成的，其中一种主要的选择决定因素是他个人已经形成的自我（包括他对自己的期许、勇敢或畏惧、责任感、自我力量或称其为"意志力"等）。认为人已经被"完全决定了"是不可想象的，因为这就意味着，他"仅由外部力量决定"。这个人，只要他是一个真正的人，就会是他自己的主要决定因素。每个人都在某种程度上是"他自己的映射"，自己造就自己。

9. 如果这个人的本质内核（内在天性）遭到阻挠、否定或是压迫，他就会生病，有时候是明显的病症，有时候不那么明显，有时立刻发作，有时发作迟缓。心理疾病的种类远比美国精神病协会列出的多。例如，对比传统神经官能症甚至精神病，人们认为，现在性格混乱失调对这个世界的命运发展影响更大。从这点上看，新的疾病才是最危险的，比如"衰弱的或发育不良的人"，他们丧失了定义人类或个人的特性，或者没有挖掘出自己的潜力，活着没有价值等等。

也就是说，人格上一般性的疾病被视为成长或自我实现或完整人性的缺失。受到挫折（比如在基本需要上受挫，在存在性价值上受挫，在特异潜能上受挫，在表达自我上受挫，在形成个人风格倾向以及步调上受挫），特别是在人生之初受挫，是心理疾病的主要来源（不是唯一来源）。也就是说，基本需要受挫不是心理疾病或者衰弱的唯一原因。

10. 据我们现在所知，这种内在天性绝不是"恶"，而是在我们的文化里成年人所说的"善"，或者在其他文化里是中性的。最准确的说法是"超越善恶"。谈论婴儿和儿童的内在天性问题不大，但当我们讨论的"婴儿"还存在于成年人体内时，问题就有些许复杂了。如果我们是从存在性心理学而非匮乏性心理学来看待这个个体，就会更为复杂。

与人性有关的，所有揭露和发现事实真相的科学技术都是这一结论的有效支撑：心理治疗、客观科学、主观科学、教育和艺术。举例来说，从长期来看，揭露疗法可以减轻敌意、恐惧、贪婪等，同时也能使爱、勇气、创造力、善意、利他主义等得到提升，这样我们就能得出结论，后者更"深层"，更自然，更基本，也就是说，我们称之为"恶"的行为，通过揭露疗法都减轻或清除了，而我们称之为"善"的行为也通过这种疗法得到了加强和提升。

11. 我们必须将弗洛伊德的超我与区别于人所固有的是非之心和内疚。前者从原则上讲是将他人（如父母、老师等人）的反对和赞同内化，所以他的内疚其实是承认他人对自己的否定。

固有的内疚来源于对个人内在天性或对自我的背叛，偏离了自我实现轨道，从本质上来讲，自我否定因为固有内疚变得合理了。正因如此，它并不像弗洛伊德的内疚那样与文化相关。这种内疚是"真实的"或"应有的"或"正当且公正的"或"正确的"，因为它是与人内心深处真实的差异，这种差异不是偶然的，任意的或纯粹相对的狭义差异。从这个角度来看，在恰当时候拥有这种内疚，对于个人发展是大有裨益，甚至是不可或缺的。它并不是我们唯恐避之不及的病症，恰恰相反，这种内疚是一种内心的指引，指引真正的自我实现和潜力的显现。

12. "恶"的行为主要指无端的敌对，残忍，破坏和"刻薄的"侵略性，对于这点我们还知之甚少。当这种敌对发展成似本能的时候，人类的未来是一种；当这种敌对只是一种反应（对不好的待遇的反应）的时候，人类的未来又是截然不同的另外一种。我认为，就现有的事实来看，无差别的、毁灭性的敌对是一种反应，因为揭露疗法减轻了敌对程度，将它转化成了"健康的"自我肯定、坚韧不拔、有选择性的敌对、自我防卫、正当的愤慨等等。无论如何，在自我实现的人身上可以体现出争强好胜和愤怒的能力，当外部环境有"要求"时，他们可以让这些情绪自然流露。

小孩子的情况就更复杂一些。至少我们知道健康的孩子拥有正当的愤怒、自我保护和自我肯定的能力，这就是一种反应的攻击性。今后，这个孩子应该就可以学会控制愤怒情绪，在什么时间、如何表达这种情绪。

我们的文化背景下所说的恶的行为也可能来自无知和不成熟的误解，以及幼稚的信仰（不论这个人本身是小孩或是内心存在一个被压抑或者"被遗忘"的孩子的成年人）。举个例子，兄弟姐妹之间的竞争来自对父母的爱独享的渴望。从原则上讲，孩子只有长大了，他才能明白母亲爱他的兄弟姐妹并不妨碍母亲继续爱他。故而孩子出于幼稚的对爱的看法，做出一些不太善意的举动是不用谴责的。

从很大程度上来讲（不是全部情况），自尊受到挑战使我们产生了一些常见的负面感受，如对善良、真理、美好、健康的憎恶、怨恨和嫉妒（"反价值观"），就像诚实的人之于骗子，漂亮的女孩之于长相平平的女孩，英雄之于懦夫。我们的短处在优越的人面前显露无遗。

然而，比这更深层次的是命运公平正义存在的终极问题。生病的人可能会嫉妒身体健康的人，他认为自己没比他差在哪，却不能拥有健康。

在上述例子中，恶的行为在大多数心理学家看来是属于反应性的，而非固有的。这表明，虽然"恶"的行为是深深植根于人类本性的，没有人可以全部摆脱，但是经历了个人成长和社会进步，恶是可能缩减的。

13. 很多人仍然认为"无意识"、回归和初始的认知过程是不健康的、危险的或邪恶的。心理治疗的经验已经慢慢向我们证明事实并非如此。我们的内心深处可能仍是善良的、美好的或者有所期许的。从我们对爱、创造性、玩乐、幽默和艺术的根源的探寻中，这一点也渐渐显现出来。它们的根基深植于我们的内心和更深层的自我之中，即在我们的无意识之中。我们必须"回归"才能重获、享受和利用内心的真善美。

14. 一个人只有被自己和周围人完全接受、喜爱、尊重他的本质核心，才能获得心理健康（但反过来说就不一定成立了，如果他的本质核心受到尊重，他也不一定获得心理健康，因为还必须要满足其他的先决条件）。

因为年纪小而不成熟的心理健康称为健康的成长。成年人的心理健康有多种称呼，比如自我满足，情绪成熟，个性化，有生产力，自我实现，真实性，完整人性，等等。

健康成长是一个从属概念，因为现在它的定义是"向自我实现成长"等。一些心理学家（如戈德斯坦和罗杰斯），通过一个总体目标或者人类发展大势，把所有不成熟成长的现象都称作是通往自我实现大道上的几步路。

有许多方式可以定义自我实现，但有一个不变的核心得到了普遍共识。所有定义都接受或包含：（1）对于内在核心或自我的接受或表达，即潜在的能力、"全功能"、人类和个人本质的实现；（2）他们都隐含着基本人类和个人的能力中存在极少的不健康、神经官能症、精神病，或者能力的减损。

15. 由于以上种种原因，现在是提出、促进或者至少承认内在本质的最好时候，而不是压抑或压制它。纯粹自发性包括自由的、不受约束和控制的、值得信任的、非故意的自我表达，也就是说意识对于精神的干预最小化。控制、意愿、审慎、自我批评、揣度、深思熟虑可以抑制这种表达，精神世界之外的社会和自然世界规律，和对心灵本身的恐惧（固有的逆向关注）必然导致这些抑制力量的产生。从更广义的层次来说，对心灵的控制来源于对心灵的畏惧，很大程度上是神经病或神经官能症的，从内在或概念上来说是没有太大必要的。（健康的心灵是没什么可怕的，没必要对它感到畏惧，因为它已经存在数千年之久了。当然，不健康的心灵又是另一回事了。）这种控制通常会被心理健康、深层心理疗法，或是更深层的自我认知和自我认可弱化。然而，对心灵的控制不是源自恐惧，也可能是源自有必要维持心灵完整、有条理、统一的状态（固有的逆向关注）。另一种意义上的"控制"是有必要的，因为它对能力实现和找寻更高表达形式上有所助益，例如艺术家、知识分子、运动员通过自身努力获得的技能。但是这种控制最终会被超越，成为自我，这时控制就成了自发性的一部分。

自发性和控制的平衡点随着心灵和所处环境健康的平衡点的

存在心理学
Toward a Psychology of Being

变化而变化。纯粹的自发性从长远来看是不可能的，因为我们所处的世界是根据自己非心灵控制的规则运行的。但是它在梦里、幻想里、爱、想象、性、创造力的最初阶段、艺术作品、智慧、自由联想中，是可能的。纯粹的控制也不会永远持续，因为那时心灵已经消失。教育要朝着两个方向发展，控制和自发性、表达的培养。在我们的文化体系下，在历史的这一阶段里，校正偏向自发性的平衡是有必要的，因为这意味着一种表达的、被动的、非自愿的，信任的过程，而不是意志的、控制的、没有事先考虑的且有创造力的。但是我们需要承认的是，总会有其他文化和地域的平衡从前是，以后还会是偏向另一边的。

16. 一般来说，在小孩的成长中，大多数情况下，如果他们有完全自由选择的机会，他们会选择对自己成长有利的选项。这样做是因为这些选择带给他们感官上的愉悦和欣喜。这意味着他比任何人都"了解"对他来说什么是好的。宽容的制度并不意味着成年人可以直接满足自己的需要，而是可以给他满足需要的可能，由此可以作出选择，即随他所愿。为了孩子健康成长，成年人需要给予孩子和成长自然规律以足够的信任，也就是说，不要过多地干涉其中，不要揠苗助长，也不要强迫他们变成你预设的样子，而是用道教的心态看待他们的成长，提供必要的帮助，不要专制独裁。

17. 与这种"接受"自我、命运、召唤等同的结论是，基本需要得到满足而非遭受挫败才是普罗大众实现健康和自我满足的主要途径。这与认为人内心深处有着基本的、固有的恶，通过压迫

202

的社会制度、不信任、控制、管辖显现出来的想法形成鲜明对比。子宫里的生活是完全无忧无虑、怡然自得的，现在普遍认同的一个观点是，人生最初几年是拥有初级满足和没有挫折的几年。禁欲主义、自我否定、故意抵制身体需要，至少在西方可能会造成人体衰竭、发育不良或是残疾，甚至在东方，自我满足也只能在极少数身体极其强壮的人身上实现。

18. 但是我们都清楚，完全没有遇到过挫折也是危险的。要想变得强大，一个人必须能够忍受挫败感，能够感知到从本质上来讲，物质现实是不以人的意愿为转移的，能够爱别人、享受别人满足需要时的乐趣就好像自己的需要也得到了满足一样（并不只把别人当作实现目的的手段）。在一个有安全感、有爱和足够尊重满足需要的环境中长大的孩子，能够从恰到好处的挫折中受益，从而变得更强大。如果挫败感大到他们不能忍受的程度，快要将他们吞噬，这种挫败就是创伤性的，创伤性挫败不是有益的，而是危险的。

只有通过物质现实、动物和其他人带来的源源不断的阻碍，我们才能了解到它们的本质，从而学会区分愿望和事实（哪些事情我们许愿就可以成真，哪些事情的发展与我们的意愿完全无关），因此我们才能继续存活于世，必要时也会适应生活。

我们也会了解到自身的优点和不足，想要弥补它们就要克服重重困难，狠狠逼自己一把，直面挑战和难处，甚至通过失败也可以弥补自身的不足。艰苦奋斗会带来无尽的快乐，这种快乐可以取代恐惧。

父母替孩子满足他的需要，没有让他通过自己的努力得到，这就是过度保护。这样其实是把孩子婴儿化了，他的长处、意愿和主见也没办法得到提高。有一种形式的过度保护容易让孩子学会利用他人，而不是尊重他人。另一种过度保护的形式会让孩子不相信、不尊重自己的能力和选择，也就是说，这样的保护是居高临下的，不尊重孩子的，会让孩子感到自己一文不值。

19. 要想成长并达成自我实现，我们需要理解的是，我们的能力想得到发挥，我们的器官和器官系统极其想要运转起来，想要表达自己，想要让自己得到利用，得到锻炼，这样才能感到满足，否则就会感到不快。有肌肉的人都喜欢亮出自己的肌肉，甚至他们不得不使用自己的肌肉，这样才能"感觉很爽"，也可以达到和谐、成功、自由活动的主观感受（自发性），这一点是达到良好成长和心理健康的重要环节，而且对智力、子宫、眼睛爱的能力都是很重要的。能力一直在为自己得不到利用而大声疾呼，只有让它真的运用得当，才能停止呼号。这就是说，能力也是一种需要。运用自己的能力不仅很有趣，而且对我们的成长也是必不可少的。得不到利用的技巧、能力或是器官都可能变成病灶，或者衰退，直至消失，最后削弱了这个人。

20. 心理学家的假设是，出于不同目的，存在着两种世界，两种现实，自然世界和心灵世界，前者是由坚定不移的事实构成的世界，由非心灵规则主导的；而后者是充满心愿、期许、恐惧、情感的世界，是由心灵规则主导的。这两种世界的区别并不太明显，除非是极端情况。毫无疑问，幻想、梦想和自由联想是符合法则的，但是与逻辑的法则以及世界的法则是截然不同的，因为即使人类灭绝了，这个世界还依然存在。这个假设不否认这两个世界的相关性，甚至可能互相融合。

可以说，这种假设是很多甚至绝大多数的心理学家的依据，虽然他们完全愿意承认这是一个无法解决的哲学问题。所有临床学家都必须这样假设，否则就只能放弃他后续的操作。这是心理学家规避哲学难题的典型做法，"就像"某种假设虽然没法证明，但是就是正确的，例如"责任""意志"等普遍的假设。健康的一个方面是在这两个世界中都能生存。

21. 不成熟和成熟可以从动机的角度进行对比，因为满足匮乏性需要的满足需遵循其顺序。从这点上看，成熟，或称自我实现，意味着超越匮乏性需要。这种情况可以称作是超动机性的或者非动机性的（如果匮乏被视为唯一动机的话），或者可以称作是自我实现的、存在的、表达的，而非应对的。我们认为，这种存在而非应对的状态应该是与自我性、"真实性"、个人存在、完整人性同义的。成长的过程其实就是成为一个人的过程。个人存在又是另一回事了。

不成熟和成熟也可以从认知能力的角度进行区分（还可以从情感能力上区分）。维尔纳和皮亚杰对不成熟与成熟认知的描述颇为精彩。我们现在还可以添上另一处不同点，也就是存在性认知和匮乏性认知。匮乏性认知可以被定义为从满足和挫败基本需要和匮乏性需要角度形成的认知。也就是说，匮乏性认知可被称作利己认知，在这种认知中，世界是由能满足我们需要的人和挫伤我们需要的人组成的，世界上的其余特点可以忽略或淡化。存在性认知（或称超越自我，或非利己，或客观认知）是对客观对象本身和存在的认知，不涉及对象需求的满足或是挫伤，即基本不涉及对象对于观察者的价值或者在他身上的作用。与成熟并行并不意味着完美（小孩子也可以用忘我的方式进行认知），但大体上来讲，一个人的自我性或个人同一性越强（或对自己的内在天性的接受度越高），存在性认知就越容易出现，出现的频率也越高，这一点在大部分情况下都是真实的（即使匮乏性认知在所有人身上都存在，包括成熟的人，这是人生存在世界上的主要工具）。

如果感知是无欲无求、无所畏惧的，它就更为垂直，可以感知对象整体的真实、内在、固有的本质（无需通过抽象将其分解）。所以心理健康鼓励客观和真实描述任何真相的目标的实现。从这个角度来看，神经官能症、精神病、生长发育迟缓也都是认知疾病，扰乱了人们的感知、学习、记忆、专注和思考。

23.这方面认知的一个副产品是可以更好地理解爱的程度高低。匮乏性的爱，可以在与匮乏性认知和存在性认知、匮乏性动力和存在性动力大致相同的基础上，和存在性的爱区分开来。只有存在性的爱可以让人与人（特别是与孩子）之间产生理想的关系。对于教育、信任的态度和其中蕴含的道教思想，存在性的爱也是特别重要的。对于我们和自然世界的关系来说也是如此，也就是说，我们可以以独立的态度看待它，或者将其视为仅为了我们的目的而存在。

24.虽然从原则上来说，自我实现是比较容易的，但是在现实中能做到这一点并不常见（根据我的标准，只有不到 1% 的人可以做到）。在这一点上，有许多作品已经就原因从各个层次进行了论述，其中就包括我们所熟知的精神病理学的所有决定因素。我们已经提到了一个主要的文化因素，就是人的固有天性是恶的或是危险的，它是一个阻碍我们达到成熟自我的生理决定因素，即人不再有这样一种清楚地告诉他们在什么时间、什么地点、怎么做一件什么样的事的本能。

将精神病理学看作对自我实现的阻碍、逃避或是恐惧；或是从医学角度审视它，认为它是类似于肿瘤、毒品或细菌的入侵，只不过它们对于被入侵的人的个性没有影响，这两种观点的差别很微妙却又极为重要。就我们理论研究的目的来说，人的衰弱（丧失了潜能和能力）是一个比"疾病"更有用的概念。

25. 成长带来的不仅有嘉奖和愉悦的体验，并且一直会有很多内在痛苦。每向前一步，都向未知，甚至可能是危险更近了一步。成长还意味着要丢掉一些熟悉的、好的、令人满意的事物。它也经常意味着别离，甚至是重生前的涅槃，随之而来的可能是思乡、恐惧、孤独和忧伤之感。成长也经常意味着放弃一个更简单、更容易、更轻松的生活，取而代之的是要求更高、需要更多责任心、更困难的生活。向前成长是顾不得这些得失的，因此需要个人的勇气、意志、选择和力量，也需要从环境中得到保护、认可和鼓舞，特别是对于孩子来说，这些都尤为重要。

26. 所以，将成长或是缺乏成长看作是促进成长和阻碍成长力量（倒退、恐惧、成长痛苦和无知等）之间的对立是很有用的。

成长有利有弊。不成长也不仅有不利的一面，也存在有利的一面。未来引你向前，过去在身后拖拉，勇气与恐惧并存。从原则上讲，健康成长的完全理想方式是提升向前成长的一切有利因素和非成长的不利因素，消除不利于向前成长的一切因素和非成长的有利因素。

体内平衡的倾向、"需要减少"的倾向和弗洛伊德的防御机制都并非成长倾向，而更多的是生物体防御性的、减少痛苦的一种姿态。但是这些倾向是不可或缺的，而且不总是病理学的。这些倾向通常比成长倾向优势更明显。

27. 所有这些都指向了一个自然主义的价值观体系，也是一个根据经验主义描述的，关于人类和个人内心最深倾向的副产品。通过科学或者自我研究进行的人类研究，可以帮助我们探索到一个人要去向何方，他的生活目标是什么，对他来说什么是好的、什么是坏的，什么事让他看起来品行端正，什么事让他觉得内疚不已，为何从善对他来说总是困难，恶的吸引力究竟在哪。（进行这样的观察，不需要用到"应该"这个词。同样，人的知识对于人而言都只是相对的，并不存在"绝对"。）

28. 神经官能症并不是内在核心的一部分，而是对于内在核心的抵制和躲避，也是一种被歪曲的表达（在恐惧的掩盖之下的表达）。神经官能症通常是两种势力的相互妥协：一个是通过隐蔽的、伪装的或者适得其反的方式，寻求基本需要的满足；另一个是对于这些需要、满足和有动机的行为的恐惧。要表达神经官能症的需要、情绪、态度、解释、行为等，就不能将内在核心或真实的自我全部表达出来。如果虐待狂、剥削者或变态说："我们为什么不能表达自己？"（例如，通过杀人表达自己），或者说："我们为什么不可以完成自我实现？"对于这些问题的回答是，他们的自我表达是对于似本能的倾向（或内在核心）的否定，而非表达。

每种神经病化的需要、情绪或者行为是一个人能力的丧失，这是某些他不能或是不敢做的事，除非是用某种卑鄙的、令人失望的方式去做。除此之外，这个人的主观幸福时常会丧失，同样丧失的还有他的意志、自我控制力、快乐的能力、自尊等等。作为一个人，他已经被削弱了。

29. 我们逐渐了解到，缺乏价值观体系是神经官能症的致病原因。人类需要价值观框架、生活哲学、宗教信仰或者宗教替代事物，这样才能生活下去，读懂生活的含义，这和人需要阳光、钙质或关爱是大致相同的道理。这就是我说的"理解的认知需要"。由于没有价值观而引起的疾病有很多，比如快感缺乏、道德失范、冷漠、不道德、绝望、犬儒主义等等，这些精神上的疾病也可以引发肉体上的疾病。我们正处在历史上一段价值空档期，外部施加的价值体系（政治的、经济的、宗教的等等）经过证明都失效了，例如，没有任何东西值得我们献出生命。这个人缺少他需要的东西，他会无休止地寻找，他随时准备好要跃向一切希望，不论好坏，于是他变成了危险人物。这种疾病的治愈方法不言自明，我们需要一个经过验证可用的价值观体系，我们可以完全相信这个体系，并且可以为之献身（愿意为它去死），因为此价值观是真实的，而不是因为我们被人劝诫要"有并且相信你的信仰"。这种以经验主义为基础的世界观，至少在理论上似乎有可能成为现实。

孩子和青少年的烦恼可以理解为成年人价值观不确定造成的结果。因此，美国的不少年轻人不以成年人的价值观生活，而以青少年的价值观生活，后者无疑是不成熟的、无知的，甚至是极其依赖于混乱的青少年需要产生的价值观。青少年价值观的很好的具体体现是牛仔、"西部"电影或者青少年犯罪团伙。

30. 从自我实现的层次来看，很多对立的两极都日渐消失，对立面被视作统一的，一分为二的思考方式也被看作是不成熟的。对于自我实现的人来说，自私和无私的强烈融合趋势可以形成更高级的统一。对这些人来说，工作和娱乐是一样的事，职业和消遣也是相同的。当职责是令人愉快的，内心的愉悦又来源于尽职尽责带来的满足时，这二者就不再分离，不再对立。最高境界的成熟其实是包含孩子般的品质的，而且我们发现，健康的孩子也显现出一些成熟的、自我实现的品质。内在和外在的分离、自我和他人的界线日渐模糊，越来越不明显了，在个性发展的最高水平，它们看起来是可以互相渗透的。现在看来，用二分法看待问题，表现出人的个性发展和心理运行处在较低水平；它既是精神错乱的原因，也是结果。

31. 在自我实现的人身上有一个特别重要的发现，就是他们都倾向于将弗洛伊德的二分法和三分法结合在一起，即意识的、前意识的和无意识的（以及本我、自我和超我）。弗洛伊德所说的"本能"和防御之间的对立不很尖锐了。冲动也更多地被表现出来，较少地受到控制；控制也不那么僵化、顽固、容易引发焦虑了。超我也少了一点严苛和惩罚，与自我的对立也不那么明显了。初级和次级认知过程同等有效，也同样重要（取代了初级认知从前被污名化为病态的观点）。确实，在"顶峰体验"时，它们之间的隔阂有倒塌的倾向。

这与早期弗洛伊德的观点形成鲜明对比，早期弗洛伊德观点认为这些势力明确地被一分为二，它们：（1）互不包含，（2）有着对抗性的利益关系，即它们是对抗性的而非互补的或协作的力量，（3）一个比另一个"更好"。

我们（有时）在这点上会存在健康的、无意识的、令人欣赏的回归。进一步讲，我们也会隐含理性和非理性的整合体，其意义在于，非理性如果放在适当的时机，也会是健康的、令人欣赏的，甚至是必不可少的。

32. 健康的人在其他方面也是完整的。在他们身上，意动、认知、情感和动机的界线不那么明显，而是彼此协作的，即这些因素都为了同一目标协同工作，不产生矛盾冲突。理性细致的思考和盲目的欲望容易带来相同的结论。一个人想要什么、享受什么就是对他来说是有益的东西。他自发的反应就像是提前深思熟虑后那么有用、高效且正确。他的知觉和运动反应彼此紧密相连。他的感官形态更是与彼此互相连通（面相的知觉）。进一步说，我们已经了解了古老的理性体系所带来的困难和危险，在这一体系中，能力在严格等级下被二等分，理性占据着制高点，而不是存在于整合性中。

33. 朝着健康的无意识和健康的非理性发展，使我们更清楚地认识到纯粹的抽象思维、言语思维和分析思维的局限性。如果我们希望能够全面地描述这个世界，我们需要为前语言的、无法形容的、隐喻性的、初级的过程，切身的体会，以及直觉和审美类型的认知留出一席之地，因为现实的一些特定方面只能靠上述方式来认知。甚至在科学里也是这样，现在我们已知（1）创造力是植根于非理性的；（2）语言是，而且总是不足以描述整个事实的；（3）任何抽象的概念都会为现实留白；（4）我们所谓的"知识"（通常是高度抽象的、言语形容的、定义清晰的）经常使我们盲目，看不到那些未被抽象覆盖的现实。也就是说，它使我们更容易看到某些事，但是另一些事就不那么容易看到。抽象知识危险和益处并存。

过于抽象、言语可表又书卷气息浓重的科学和教育，失去了原始、具体和美学的体验，特别是对于一些发生在我们身上主观的东西，没有留出足够空间。举例来说，机体心理学家一定会赞同，在感知和创作艺术作品时、在舞蹈中、在（希腊式的）体育运动和现象学的观察中，应该更多融入创新教育。

抽象的分析思维的极致是实现最大程度的简化，即公式、图表、地图、蓝图、方案、卡通和某些类型的抽象绘画。我们对世界的掌控也由此得到了提升，但代价是丢失了其中的丰富内涵，除非我们学会珍视存在性认知、有爱和关心的感知、自由流动的注意力，以及其他所有能够丰富经验的东西，而不是削弱它们的重要性。"科学"应该扩展到这两类认识世界的方法中去。

34. 健康的人能够将自己浸入无意识和前意识中，能够运用和珍视初级过程，而非对其感到恐惧，也能够接受自己的冲动，不时刻想要控制冲动，也能够无所畏惧地自愿回归，这些能力都是拥有创造力的主要条件。由此，我们就能理解为什么心理健康与某种普遍的创造力的形式能够如此紧密地联结在一起（除了特别的天赋以外），以至于有些作者几乎将它们作为同义词使用。

同样的联结还存在于健康和理性与非理性力量的结合中（意识与无意识，初级与次级过程），这种联结也使我们理解了为什么心理健康的人更能去享受、去爱、去放声大笑、去纵情玩乐，更有幽默、愚钝、异想天开、天马行空和快乐得"疯狂"的能力。总之，通常情况下，他们不仅允许，还很珍视、享受各种情绪体验，在特殊情况下也会允许、珍视、享受情绪体验的顶峰。心理健康的人会更频繁地拥有这些体验。这使我们产生强烈怀疑，临时学习做到所有这些事情是否有助于孩子的健康成长。

35. 对于美的感知、创造和美的高峰体验被视为人类生活、心理和教育的中心，而非边缘。这一点的原因有如下几个：（1）所有高峰体验都是个人内部、人与人之间、天地间、人与天地间分裂的整合。因为健康的一个方面是整合，高峰体验就是向健康迈进，甚至就是健康本身，是一种瞬间的健康；（2）这些体验都是对生活的证明，也就是说它们使生活有意义，也毫无疑问是"为什么我们不自杀？"这个问题答案的重要一部分；（3）它们因为自身存在而有意义，等等。

36. 自我实现并不意味着超越人类所有问题。健康的人身上也可以找到矛盾、焦虑、懊恼、沮丧、受伤和内疚这些问题。总体来说，随着人们的逐渐成熟，神经质的伪问题就会转向真实的、不可避免的、有关存在的问题，这些问题是生活在一个特定世界里的人（即使是在自己最好的状态）的本性所固有的。即便他不是神经质，没有神经质的内疚所带来的烦恼（这种内疚是不值得拥有的或不必要的），他也很可能被真实的、值得拥有的、必要的内疚和内在的意识（而非弗洛伊德式的超我）所困扰。即使他已经超越了形成的问题，存在的问题依旧没有得到解决。一个人应该有困扰的时候却没有困扰，这也可能是生病的标志。有时候沾沾自喜的人不得不受些惊吓才能恢复"心智"。

37. 自我实现并不一定是一般性的。它先于一般的人性而存在于女性或男性特征中。也就是说，一个人要先是一个健康的、满足女性特征的女性或满足男性特征的男性，而后才可能达成一般性的自我满足。

也有一些证据表明，不同的体质实现自我的方式有些许不同（因为他们有不同的内在自我需要实现）。

38. 自我性和完整性健康成长的另一重要方面就是摒弃儿童时期所使用的技巧，孩子用这种技巧来迎合强大的、无所不会、无所不知的、神一般存在的成年人，相比之下，他们是如此弱小，他们不得不使用技巧来变得强大、自主、自己照顾自己。这其中就包括抛弃掉独享全部父爱母爱的强烈渴望，同时学会爱别人。他必须学会满足自己的需要和愿望，这些需要和愿望不是来自父母，并且他还要学会自我满足，而不是依靠父母，让父母替自己实现这些愿望。他应该懂得，做好事的初衷不是因为害怕或者想要留住父母的爱，而是因为自己从心底想要向善。对于孩子来说，所有这些都是弱小迎合强大所必备的，而对于成年人来说，这些就是不成熟、阻碍他们进一步成长的技巧。成年人必须要用勇气来替代恐惧。

39. 从这点上来说，一个社会或者一个文化可以分为鼓励成长的和阻碍成长的两种。成长和人性的来源，归根结底还是来自一个人内心的，而非社会发明创造的，就像园丁只能帮助或阻碍蔷薇生长，但不能决定它长成一棵橡树一样，社会对人性发展也只能起到帮助或阻碍的作用。即使我们都知道，文化对于人性本身的实现是一个必要条件，例如，语言、抽象思维、爱的能力都是文化的体现，但它不能起到决定性作用这一点也是正确的，因为这些体现都是先存在于人的血液中，而后存在于文化之中的。

这就造就了比较社会学理论上的合理性，它超越并同时涵盖了文化相对论。"较好的"文化满足了所有基本人类需要，允许自我实现，"较差的"文化则不然。这点对于教育来说也是一样，能鼓励人们成长，达到自我实现的，就是"好的"教育。

我们一旦开始区分"较好的"和"较差的"文化，将文化视为一种手段而非目的的时候，"适应"的概念就出了问题。我们一定会问："'适应良好'的人很好地适应了什么样的文化或亚文化呢？"可以确定的是，适应与心理健康不一定是同义词。

40. 看似矛盾的是，自我实现的达成（从自主意义上讲）使自我超越、自我意识和自私变得更有可能了。它使人趋于同质化变得容易多了，也就是说让人融入更大的整体之中，这个整体比他自己要大得多。要实现完全的同质化，前提是实现完全的自主，从某种程度上讲，反之亦然，一个人只有经过成功的同质化过程才能达到自主（例如孩子的依赖、存在性的爱、对他人的关心等）。在这里有必要讨论一下同质化的水平（越来越成熟），也有必要区分"低端同质化"（恐惧、弱势和倒退）与"高端同质化"（勇气和完全自信的自主），"低级涅槃"与"高级涅槃"，日渐衰落的统一和蒸蒸日上的统一。

41. 自我实现的人（和所有正在高峰体验中的人）时不时地会活在这个时代和这个世界之外（不受时空影响的），即使大多数时间里他们必须活在外部世界，这就引出了一个很重要的关于存在的问题。活在内部心灵世界之中（由心灵规则主导，而非外部现实世界规则主导），就是生活在一个集体验、情感、心愿、恐惧、希望、爱、诗意、艺术和幻想于一体的世界中，这和生活在非心灵现实世界中是不一样的，他要不断适应这个世界，这个世界的法则不是由他制定的，这些法则对他的天性也不是必不可少的，尽管他不得不靠着这些法则生活。（他当然可以在别的世界生活，科幻小说不就是这么写的吗？）不害怕自己内在那个心灵世界的人，可以尽情享受，甚至觉得自己到了天堂，对比来看，那个外部需要更多责任担当的"现实世界"，是那么耗费精力，充满斗争与对抗、是与非、真与假。即便健康的人更容易也更乐于适应"真实"世界，而且通过了"现实的考验"，却也不会把现实世界与内在心灵世界混为一谈。

现在看来，将内部与外部现实混淆，或者阻断其中任意一个和体验之间的联系都是极其病态的表现，这点再清楚不过了。健康的人能够将这两个世界与自己的生活结合在一起的，所以他们两个世界都不用放弃，反而还能在两个世界中穿梭自如。这就好像有的人是到贫民窟探望穷苦之人，而有的人只能在那儿生活一辈子。（如果我们不能摆脱，不论哪个世界都是贫民窟。）矛盾的是，那些病态的和"最低端"的部分，恰恰成为了人性中最健康和"最高端"的部分。只有对自己神智不太自信的人才会害怕有一天会不小心"发疯"。教育必须帮助人们存活于这两个世界中。

42.上述命题引起了对心理学中行动的不同理解。产生目标导向的、有动机的竞争、奋斗和目的性明显的行为是精神和非精神世界必要转换的一个方面，或者说一个副产品。

（1）匮乏性需要的满足来自一个人的外部世界，而非内部世界。故而适应外部世界就显得尤为必要，比如测试现实，了解世界的本质，学习区分外部世界与内部世界，了解人与社会的本质，学会延迟满足，学会掩盖即将变为危险的东西，知道这个世界中哪些是令人满足的，哪些是危险的，哪些是对满足毫无用处的，了解通过哪些文化途径可以实现满足，学会满足的技巧。

（2）这个世界本身就是有趣的、美好的、迷人的。探索、操控、玩味、思考、享受这个世界，都是有动机的行为（出于认知的、运动的和审美的需要）。

但也有这样一种行为，与这个世界无关，从一开始就没有一丁点关系。有机体的本质、状态或是能力（功能性欲望）的纯粹表达是存在而不是努力的表现。对内心生活的思考和享受不仅本身是一种"行为",而且是与外部世界的行为对立的,也就是说,它静止或终止了肌肉活动。等待的能力是能够暂停行动的一个特例。

我们从弗洛伊德身上学到,一个人的现在中蕴藏着他的过去。现在,从成长理论和自我实现理论中,我们应该学到的是一个人的未来也蕴藏在现在之中,只不过是以理想、希望、责任、任务、计划、目标、未开发的潜力、使命、命运等形式存在的。没有未来的人会沦落到具体、无望、空虚的状态。对他来说,时间是无限"充足的"。努力通常会使大多活动变为可能,一旦失去了努力的动力,这个人就会变得七零八落。

当然,处于存在状态中并不需要任何未来,因为未来已来。这时,形成也暂时停止了,期票也以终极奖励的形式兑现了,即高峰体验,在这种体验中,时间消失,希望实现。